跟着细菌学
"肠"识

FOLLOW YOUR GUT

A Story from the
Microbes that Make You

和双歧杆菌一起探索"肠道森林"
领悟免疫力的养成奥秘

[澳]
布里奥妮·巴尔（Briony Barr）
格雷戈里·克罗切蒂（Gregory Crocetti）
艾尔莎·怀尔德（Ailsa Wild）
莉萨·斯廷森（Lisa Stinson）
著

[澳]本·哈钦斯（Ben Hutchings）绘
陈墨 译

中信出版集团 | 北京

图书在版编目（CIP）数据

跟着细菌学"肠"识 /（澳）布里奥妮·巴尔等著；
（澳）本·哈钦斯绘；陈墨译 . -- 北京：中信出版社，
2023.12
书名原文：Follow Your Gut: A Story from the
Microbes that Make You
ISBN 978-7-5217-6044-6

I.①跟… II.①布… ②本… ③陈… III.①肠道微
生物－普及读物 IV.① Q939-49

中国国家版本馆 CIP 数据核字（2023）第 188558 号

跟着细菌学"肠"识
著者：　　[澳]布里奥妮·巴尔　　[澳]格雷戈里·克罗切蒂
　　　　　[澳]艾尔莎·怀尔德　　[澳]莉萨·斯廷森
绘者：　　[澳]本·哈钦斯
译者：　　陈墨
出版发行：中信出版集团股份有限公司
　　　　　（北京市朝阳区东三环北路 27 号嘉铭中心　邮编　100020）
承印者：　北京尚唐印刷包装有限公司

开本：787mm×1092mm　1/16　　印张：15.25　　字数：128 千字
版次：2023 年 12 月第 1 版　　印次：2023 年 12 月第 1 次印刷
京权图字：01-2023-4690　　　书号：ISBN 978-7-5217-6044-6
　　　　　　　　　　　　　　定价：69.00 元

共生（symbiosis）

名词，指两个或更多有机体（它们生活在物理位置邻近的地方）之间的一种关系，尤其指互利关系。

在过去的 40 亿年里，微生物将地球塑造成我们如今所了解并热爱的样子——有着丰富的生物多样性和地理多样性。

通过一系列共生关系（有些短暂，有些漫长到持续终生），微生物已经与地球上所有种类的生物合作，共同创造了相继涌现的新物种，其中就包括人类。尽管有些共生关系会带来伤害，但是绝大部分共生关系对牵涉其中的物种都有益处。

生命演化的方式不只有竞争，那只是故事的一部分。生命也是关于同心协力的叙事。

Follow Your Gut

啊哈，这本书分为 AB 两部分。

A 本是引人入胜的漫画故事， 你可以跟着双歧杆菌去尽情冒险，它的离奇遭遇一定会让你想一口气读完！

B 本是配套的知识手册。 注意到 A 本中有很多圈起来的小序号了吗？每个序号后面都是你很可能从没听说过的知识。配合 A 本再读一遍吧，相信我，你会有超多收获！

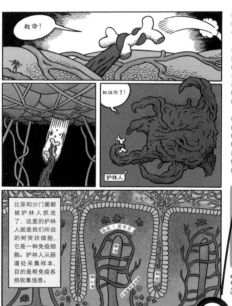

比菲和沙门菌都被护林人抓走了，这里的护林人就是我们所说的树突状细胞，它是一种免疫细胞。护林人从肠道处采集样本，目的是帮免疫系统收集信息。

问题 21："护林人"是谁？
（见第 16 页）

免疫系统从不休息。它持续地与大量的各种微生物相互作用，从双歧杆菌"比菲"这类友好的（共生）细菌到沙门菌这类致病菌。让事情变得更复杂的是，有些细菌可以从绝大多数情况下的友好状态切换成致病状态，尤其是当它们所处的环境发生改变的时候。这时，树突状细胞（或者说"护林人"）就该出场了。

树突状细胞（比如"邓德利"）也被称作抗原呈递细胞。它们的主要职责是从肠道内采样并处理抗原物质（邓德利称之为标本），然后把这些抗原展示在它们的细胞膜表面给它们的"经理"T细胞看。通过这种方式，它们就像信使一样，不断在先天性免疫系统和适应性免疫系统之间传递新的信息。

问题 22：肠道中所有这些管道和细胞是干什么用的？

组成肠壁的上皮细胞之间的区域被称作固有层。这是薄薄一层松散的结缔组织，组成了肠道分泌装腺的肉瘤的中心域。这些都裹一层平滑的肌肉（也被称作不随意肌）包裹在内，这层肌肉有时会以收缩的方式来帮助内脏内容物移动。

固有层富含血管和淋巴管，这些管道把营养物和免疫细胞运输到肠道去。血管负责运输红细胞、红细胞携带着氧气和葡萄糖，供应给该区域周围的上皮细胞。红细胞也携带着二氧化碳这种废物。我们可以把这些过程比作不同的管道将清洁的饮水输送到各个家庭和建筑物，同时将废水从那地方运走。

围绕肠道的固有层区域还有数量可观的白细胞（免疫细胞）。据科学家估计，人体内约有80%的免疫细胞生活在这个区域。除了穿过肠道去采集样本的树突状细胞，还有大量的T细胞和B细胞（它们集结成簇，形成次级淋巴滤泡），以及在细胞内巡查入侵者的巨噬细胞。

附图 18 一个树突状细胞（蓝色）向一个T细胞（黄色）展示抗原的扫描电镜照片。
来源：巴斯德研究所的奥利维尔·施瓦茨博士（Science Photo Library）。

你知道吗？

从严格的学术意义上讲，血液的颜色是红色的，不过在没有氧气的情况下，光的反射会让通过我们心脏和肺部的静脉的颜色看起来略微偏蓝。

推荐序　你拥有一个世界　孙轶飞／IX

A 本 漫画故事

Follow Your Gut
CONTENTS

第 1 章　初识"比菲"／002

第 2 章　在肠道森林的地底　／015

第 3 章　神奇母乳和致命危险　／032

第 4 章　甜蜜与友谊　／047

第 5 章　终于成了自己人　／061

第 6 章　埃希菌的肺部历险记　／071

第 7 章　罗斯氏菌的超能力　／092

第 8 章　来自狗狗的拟杆菌　／102

第 9 章　"比菲"的大挑战　／112

第 10 章　大战沙门菌　／126

第 11 章　成长　／145

Follow Your Gut
CONTENTS

关于人体的简要说明 / 158

问题 1：肠道中有什么？ / 159

问题 2：为什么我们的肠道中有黏液？ / 160

问题 3：双歧杆菌是什么？ / 160

问题 4：生活在我们肠道中的生物有哪些？ / 161

问题 5：为了看到微生物，你需要使用哪种显微镜？ / 162

问题 6：细菌真的会彼此交谈吗？它们有没有地域性？ / 163

问题 7：什么是酶？ / 163

问题 8：双歧杆菌是怎样从黏液线上把糖切下来的？ / 164

问题 9：细菌真的有表亲吗？ / 164

问题 10：什么是噬菌体？ / 164

问题 11：所有这些微生物会做什么？ / 165

问题 12：细菌怎么移动？ / 166

问题 13：细菌怎么繁殖？ / 166

问题 14：孕酮是怎样激发细菌增殖的？ / 167

问题 15：什么是"地底"？ / 168

问题 16：什么是沙门菌？ / 168

问题 17：为什么沙门菌乐意被带到地底去？ / 168

问题 18：上皮细胞和微绒毛是什么？ / 169

问题 19：在这个放大的视图中，正在发生什么？ / 169

问题 20：趋化因子是什么？ / 170

问题 21："护林人"是谁？ / 172

问题 22：肠道中所有这些管道和细胞是干什么用的？ / 172

问题 23：什么是抗原？ / 173

问题 24：邓德利是怎么消化沙门菌的？ / 173

问题 25：什么是"经理"？ / 173

问题 26：T 细胞为什么要杀死邓德利？ / 174

问题 27：T 细胞和 B 细胞在固有层做了什么？ / 174

问题 28：淋巴结是什么？ / 175

问题 29：为什么肠道周围有这么多淋巴结？ / 176

问题 30：为什么 T 细胞和树突状细胞会沿着胶原蛋白"绳索"一路前行？ / 176

问题 31：T 细胞怎样用它的受体鉴定出双歧杆菌是朋友？ / 176

问题 32：我们需要双歧杆菌做些什么？（剧透警告）/ 177

问题 33：乳腺是什么？ / 177

问题 34：哺乳这件事儿 / 178

问题 35：人体如何制造乳汁？ / 178

问题 36：初乳是什么？ / 178

问题 37：人乳的成分是什么？ / 179

问题 38：巨噬细胞是什么？ / 179

问题 39：免疫球蛋白 A 和免疫球蛋白 G 是什么？ / 180

问题 40：这些不同的糖类是什么？ / 180

问题 41：人乳中真的有细菌吗？ / 182

问题 42：母乳喂养反馈回路（射乳反射）/ 182

问题 43：为什么气泡对比菲和菲多来说很危险？ / 183

问题 44：乳汁通过反冲洗过程回流到乳腺中，这正常吗？ / 183

问题 45：斯达夫和施特雷普是什么细菌？ / 184

问题 46：斯达夫和施特雷普有什么危险？ / 184

问题 47：菲多死亡后，它的遗体怎么样了？ / 184

问题 48：比菲及其同伴是怎样在胃液里存活下来的？ / 185

问题 49：胆汁有什么用处？ / 185

问题 50：什么是绒毛？ / 185

问题 51：人乳寡糖是什么？为什么它们不会在小肠被吸收？ / 186

问题 52：比菲在小肠中行进得有多快？ / 186

问题 53：大肠是怎么工作的？ / 187

问题 54：和母亲的肠道相比，为什么婴儿的肠道颜色如此粉嫩？ / 187

问题 55：为什么比菲觉得这个地方有些熟悉？ / 188

问题 56：细菌用菌毛做什么其他的事情？ / 188

问题 57：乳杆菌是什么？ / 189

问题 58：细菌如何消耗这些糖类？ / 189

问题 59：什么是交互喂养？ / 190

问题 60：什么是发酵？ / 190

问题 61：乙酸怎样让人体免疫系统保持冷静？ / 191

问题 62：细菌如何影响我们的饥饿感？ / 192

问题 63：叶酸是什么？ / 193

问题 64：乳酸是什么？ / 194

问题 65：γ-氨基丁酸是什么？ / 194

问题 66：为什么肠道是人体最大的感觉器官？ / 195

问题 67：免疫系统采集了哪些新样本？ / 196

问题 68：胶原蛋白是什么？ / 196

问题 69：树突状细胞所说的"杂草"是什么？ / 197

问题 70：T细胞怎么识别蛋白质？ / 197

问题 71：渗漏和警报指什么？ / 197

问题 72：T细胞怎样分辨敌友？ / 198

问题 73：那些抵达婴儿肠道的细菌会伤害婴儿吗？ / 199

问题 74：大肠埃希菌是什么？ / 199

问题 75：什么是隐窝？ / 201

问题 76：埃希菌所说的"海洋""沼泽""沙漠"指什么？ / 201

问题 77：细菌真能在空气中旅行吗？ / 202

问题 78：为什么肺的各个部分看起来像树杈？ / 202

问题 79：为什么埃希菌觉得肺部很可怕？ / 203

问题 80：能告诉我更多关于呼吸道合胞病毒的信息吗？ / 203

问题 81：病毒的繁殖究竟有多快？ / 204

问题 82：巨噬细胞在找什么？ / 204

问题 83：为什么肺部充满黏液？ / 205

问题 84：什么是维生素 K？ / 205

问题 85：什么是骨钙化？ / 205

问题 86：罗斯氏菌是什么？ / 206

问题 87：什么是专性厌氧菌？ / 207

问题 88：细菌真会冬眠吗？ / 207

问题 89：胆汁酸为什么能促使芽孢萌发？ / 208

问题 90：为什么罗斯氏菌更喜欢比菲提供的咸味小吃？ / 208

问题 91：什么是丁酸？ / 208

问题 92：丁酸是怎样促使杯状细胞制造黏液的？ / 209

问题 93：舌头上的小突起是什么？ /210

问题 94：拟杆菌是什么？ / 210

问题 95：细菌经常由狗传播给人类吗？ / 210

问题 96：噬菌体会做些什么？ / 211

问题 97：细菌真会彼此排挤吗？ / 211

问题 98：丙酸是什么？ / 212

问题 99：为什么肠嗜铬细胞能分泌血清素？ / 212

问题 100：为什么微生物能产生让人快乐的分子？ / 213

问题 101：为什么乳杆菌减少了？ / 214

问题 102：瘤胃球菌是什么？ / 214

问题 103：清洗蔬菜的行为是好是坏？ / 215

问题 104：瘤胃球菌"鲁米"是怎么分解植物纤维的？ / 216

问题 105：小泡是什么？ / 216

问题 106：水平基因转移在细菌中很常见吗？ / 216

问题 107：肠道森林真有那么茂密吗？ / 217

问题 108：为什么双歧杆菌越来越少了？ / 217

问题 109：为什么鸡肉是病原体的温床？ / 218

问题 110：沙门菌是谁？ / 218

问题 111：沙门菌攻击策略之一：进入上皮细胞 / 219

问题 112：微生物组防御策略之一：把坏家伙们挤出去 / 220

问题 113：细胞防御策略之一：寻求帮助 / 220

问题 114：细胞防御策略之二：增加黏液产量 / 220

问题 115：细胞防御策略之三：制造阳离子抗菌肽 / 221

问题 116：沙门菌攻击策略之二：穿上盔甲 / 221

问题 117：沙门菌攻击策略之三：启用Ⅲ型分泌系统 / 221

问题 118：细菌真能欺骗人体细胞吞下它们吗？ / 222

问题 119：细胞防御策略之四：产生更多细胞，加固肠壁 / 222

问题 120：微生物组防御策略之二：启用Ⅵ型分泌系统 / 223

问题 121：微生物组防御策略之三：出动CHI噬菌体 / 223

问题 122：中性粒细胞是什么？ / 224

问题 123：妈妈的防御策略之一：分泌乳汁 / 225

问题 124：只有乳汁中的抗体能拯救西米吗？ / 225

问题 125：微生物组防御策略之四：使用细菌素 / 225

问题 126：为什么母亲生病了，而婴儿西米安然无恙？ / 226

问题 127：为什么乳汁会越来越少？ / 226

问题 128：这些新的微生物都是什么？ / 227

问题 129：柯林斯菌和韦荣氏球菌是什么？ / 227

问题 130：普拉梭菌和普雷沃菌是什么？ / 228

问题 131：阿克曼菌和甲烷短杆菌是什么？ / 228

问题 132：我们大便的时候，发生了什么？ / 229

问题 133：我们冲完马桶后，粪便到哪里去了？ / 230

你拥有一个世界

孙轶飞

　　演化论告诉你，在数十亿年的时间里，地球上的生命永不停歇地做着同一件事情，那就是"适应"。它们适应风霜雨雪，适应电闪雷鸣，同时也在适应着其他生物活动的影响。那些无法适应的物种永远消失在了时光之中，而对顽强地存活至今的物种们来说，这漫长的适应过程让它们产生了复杂、密切且有趣的关系。

　　科学家与摄影师携手，用镜头向你展示了物种之间那些令人着迷的互动瞬间。蜜蜂在花朵上忙忙碌碌，小丑鱼在海葵里进进出出，这些画面都在告诉你，这些物种经过了时间的洗礼，早已相互适应对方的存在。也正是不计其数的物种，以及它们之间的关系造就了这个丰富多彩的世界。

　　只不过，你是否知道，其实你拥有一个世界？

　　在你出生之后不久，你的肠道里就出现了大量的细菌。它们在肠道之中繁衍生息，在让自己存活下去的同时也帮你消化食物，甚至还会产生很多对你有益处的物质。如果能用极微小的摄像机对准这些细菌，就会发现它们同样造就了一个世界，而这个世界就在你的肠道之中。

　　遗憾的是，迄今为止还没有这样的摄像机，以致你并不能像观察蜜蜂和小丑鱼一样，去观察这个近在咫尺的世界。但幸运的是，除了摄影师，科学家还可以找到画家朋友，在科学家的准确表述之下，画家可以将这个与每个人都有关的微观世界以漫画的形式呈现在你面前。

　　于是，就有了你手中的这本《跟着细菌学"肠"识》。此刻，你打开的不仅是一本书，更是一扇通向微观世界的大门。但是，此刻你可能会有一个疑问：这扇门里面的世界真的适合你来参观吗？请你暂时把这个问题放在一边，先听我聊几句闲话。

多年之前，我是一个爱读书的孩子，不管什么书都想看一看。但现在回头看，那时的我显然缺少对书的鉴别能力，根本分辨不出哪些书写得好，哪些书并不值得我花费时间。为什么我能意识到这一点？因为后来我成了一名科普作家，也写了几本书。

当自己的身份从读者变为作者时，我发现自己审视一本书的角度也变得完全不同了。我在写一本书之前，首先要明确几件事：这本书是写给谁看的？我的读者是中小学生还是成年人？书里有什么内容对读者有用？我的读者会在何时何地看这本书，在书桌前还是在拥挤的地铁里？最重要的是，我需要如何编排书中的内容，才能让读者有把它看完的动力？

把这些问题想清楚，"读者"就不再是一个虚无的概念，而是我脑海中一个活生生的形象，我试着将好玩的事情讲给他/她听。换句话说，只有作者心中有清晰的读者"画像"，才能时时刻刻站在读者的角度思考，用读者最能接受的方式来表达。

如果我想写关于三羧酸循环的知识，对于大学生读者，我会详细讲述其中复杂的生化反应；对于中学生，我会说清楚三磷酸腺苷是人体能量的来源；而对于小学生，我会打个比方，告诉他们人体中有一种分子，就像玩具汽车里的电池一样，给我们的身体提供能量，这种分子的缩写是ATP，学名是三磷酸腺苷，等你们长大了自然会学到。

简言之，明确了读者的阅读习惯、知识水平，而且内容能够让目标读者顺利接受，这就是一本好书。

说完这些闲话，我们回到刚才的问题，这本《跟着细菌学"肠"识》是写给你看的好书吗？我们不妨换个角度，这本书的作者在创作之初，打算把这本书写给谁看？在我看来，这本书很适合青少年。

只不过，这本书的内容专业性相当强，青少年能看懂吗？当然能。毕竟作者想尽办法让艰深的知识变得通俗，而且采用了漫画的形式，让小读者们可以轻松愉快地接受它们。如果读者年龄确实太小，在看书的时候提出了很多家长都回答不出来的问题，怎么办呢？贴心的是，作者们已经预判了孩子们的想法，对他们可能提出的问题进行了解答，所以这本书才成了你所看到的 AB 册的样子。

然而，我还是想继续追问一下，成年人能看这本书吗？这本书毕竟和消化系统有关，这个问题让医生回答会更好，而且应该是消化相关专业的医生。巧了，在成为科普作家之前，我当过十几年外科医生，而且恰好是跟消化系统有关的专业。

回想以前当医生的时候，和患者交代病情总是要花费不少时间，因为并不是每个人都会对医学知识有所了解。毫无疑问，良好的医患关系就是要让医生和患者共同参与医疗决策，也就是说，患者懂得越多，就越能理解医生在说什么，双方一起决定治疗方案的时候也就越顺畅。

从这个角度考虑，看这本书绝对不亏。虽然你我素未谋面，但我确信你一定有消化系统，而且在每个人的一生里，都难免会因为它而跟医生打交道。多了解一点关于消化系统的知识，也就是对自己的健康多负责一点。

毕竟，你拥有这个世界。

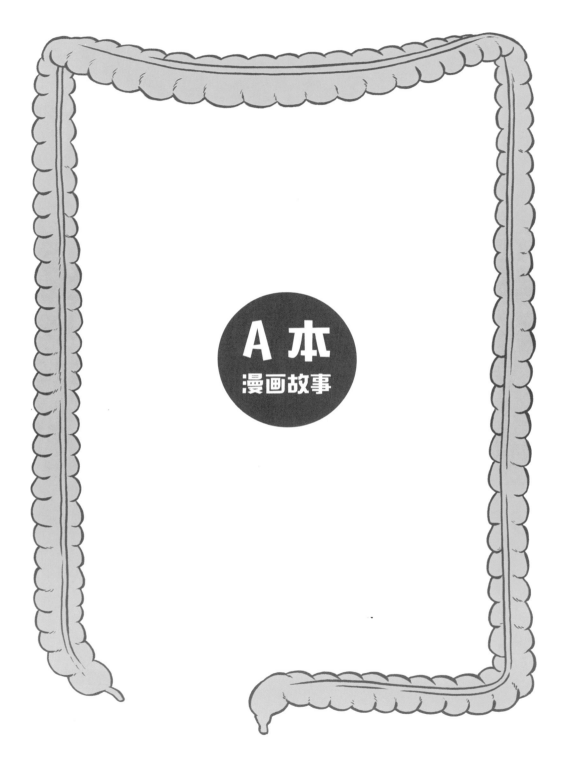

A 本
漫画故事

第 1 章

初识 "比菲"

我们深入微观世界，遇见了 "比菲"。它是一个双歧杆菌，生活在西米这个两岁人类婴儿的肠道中。比菲是怎么到这里来的呢？让我们回到两年前，看看西米妈妈的肠道，那是比菲曾经生活的地方。当巨变重塑了比菲的生活环境时，它的堂兄 "菲多" 已经做好准备开启一场冒险，而比菲还没做好准备……

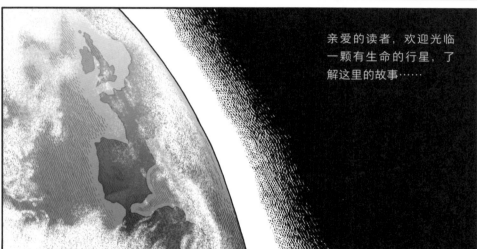

亲爱的读者，欢迎光临
一颗有生命的行星，了
解这里的故事……

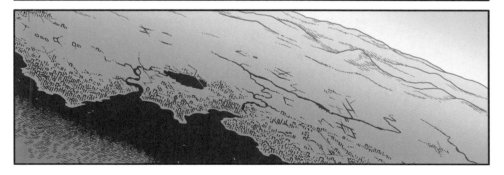

这里有非常多互相关联的生物……

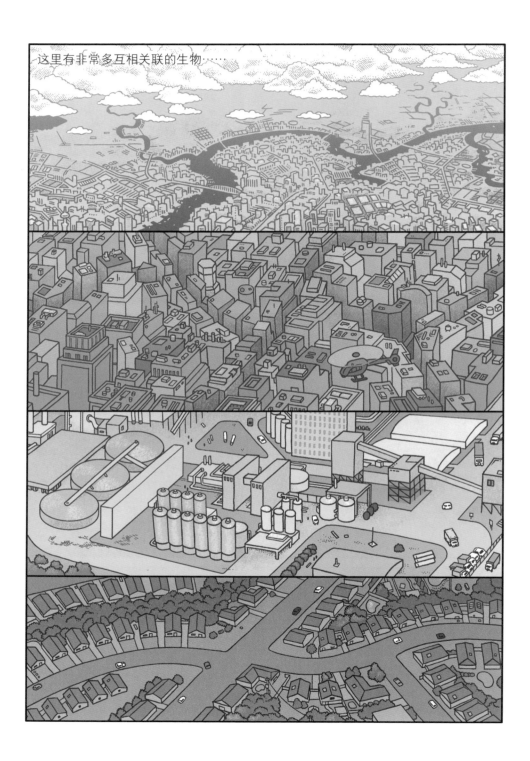

比菲就是生活在
这里的生物之一：

它有魅力，

但又有一点儿羞怯；

它非常慷慨，

身高 3 毫米；

它是每个婴儿
最好的朋友。

你好，我是比
菲，这是我的
故事。

比菲是一个双歧杆菌。❸

· **最喜欢的食物**：
  人乳寡糖。

· **超能力**：
  帮助免疫系统学习技能。

在这里生活的生物实在太迷你了，所以亲爱的读者，
你需要借助一台显微镜才能看到它们。

④ ⑤

幸运的是，当我们探索这个小宇宙的时候，
我们可以使用的不只是显微镜。

欢迎你，这不
只是一个故事，
而是我们用艺术、
知识和想象力为你打
开的一扇窗。

我们会问：比菲是谁？它
和其他双歧杆菌是怎么进入
小西米的肠道的？还有，比
菲可以带我们了解哪些关于人
体的知识？

只是让你好好活着，就已经
是一份占据我全部精力的工
作了！感觉好像昨天我还在
期待你的出生呢！

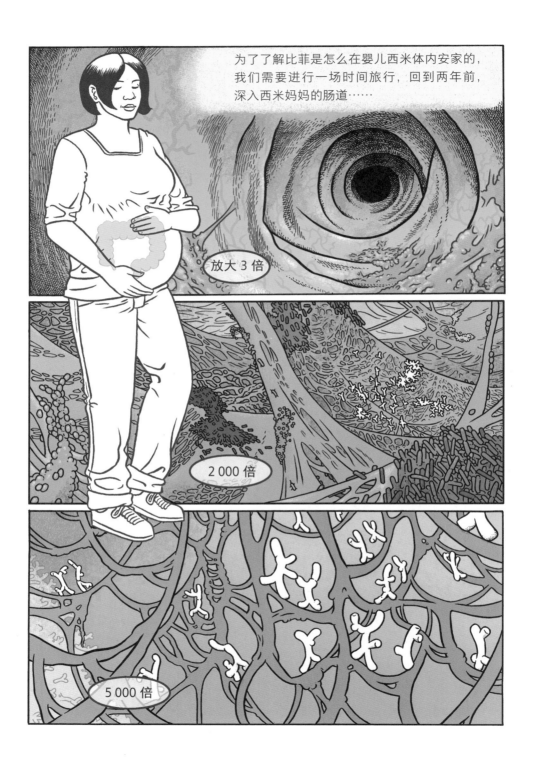

为了了解比菲是怎么在婴儿西米体内安家的，我们需要进行一场时间旅行，回到两年前，深入西米妈妈的肠道……

放大 3 倍

2 000 倍

5 000 倍

比菲曾经生活在这里……

它靠一点儿黏液艰难维生。

嘿！

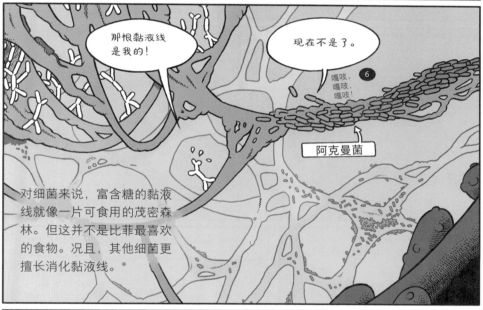

那根黏液线是我的！

现在不是了。

嘎吱，嘎吱，嘎吱！ **6**

阿克曼菌

对细菌来说，富含糖的黏液线就像一片可食用的茂密森林。但这并不是比菲最喜欢的食物。况且，其他细菌更擅长消化黏液线。*

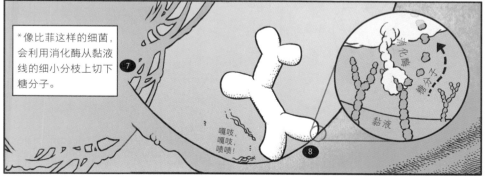

*像比菲这样的细菌，会利用消化酶从黏液线的细小分枝上切下糖分子。 **7**

嘎吱，嘎吱，啧啧！ **8**

黏液

喂！是我先占领这个分枝的！

现在，它是我们的了。我会把它分解掉，喂饱数千个同伴。你呢？你原本打算留着自己吃，不分给其他细菌吧！你们就是这样的细菌，自私鬼。

这是比菲的堂兄，菲多。⑨

你难道还没有厌倦这样的生活吗？

抢来抢去，在森林的角落里饿着肚子……

周围有那么多细菌在茁壮成长，我们还要很难地困守这样的生活吗？

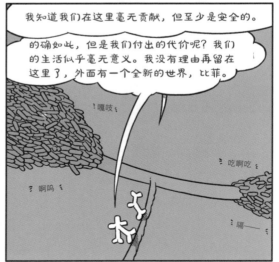

我知道我们在这里毫无贡献，但至少是安全的。

的确如此，但是我们付出的代价呢？我们的生活似乎毫无意义。我没有理由再留在这里了，外面有一个全新的世界，比菲。

嘎吱

吃啊吃

啊呜

嗝——

瘤胃球菌（鲁米）
- **最爱的食物：**
  纤维素。
- **超能力：**
  分解植物纤维。

除了比菲生活的菌落，肠道森林还充斥着其他生物，有时候它们吃掉黏液线的分枝，有时候它们互相喂食，有时候它们激烈斗争，还有些时候它们会帮助这片森林成长。

罗斯氏菌（罗斯）
- **最爱的食物：**
  乙酸。
- **超能力：**
  刺激肠道产生黏液。

埃希菌（埃希）
- **最爱的食物：**
  残羹冷炙。
- **超能力：**
  制造维生素K。

拟杆菌（罗伊迪）
- **最爱的食物：**
  几乎是一切。
- **超能力：**
  消化绝大部分食物。

噬菌体

10

抱紧，粘住！

挑黏液浓稠的地方。

还有多余的糖吗？

11

★ 这样的场景适合给这个段落画上句号。

来吧，比菲！我们去探索这个世界！说不定外面有更好的生活，只是我们从来没去追寻过呢？

12

我知道这里的生活让人觉得没有意义。但我们如果离开这里，可能会死得很惨。

我们也有可能会找到很棒的地方，遇到很棒的其他生物！

来吧，比菲……你这辈子连一毫米以外的地方都没去过呢！

你说得没错儿，但我没想好……我还是想和家人在一起。

你太让我失望了，比菲。

如果没有你一起去，一点儿也不好玩。

咦？

嘭！

菲多，你繁殖了！

细菌通过分裂成两半来繁殖，也就是克隆自己。这意味着现在这两个菲多是一模一样的。

13

呃，感觉太怪异了……

菲多　　也是菲多

我产生了一个子细胞，我很多年没有产生过子细胞了！

我最近也没有摄入额外的食物啊。

我想知道，到底有什么地方不一样了呢？

★ 当一个细胞分裂时，产生的新细胞被科学家称为"子细胞"。

它们不知道的是，随着孕妇体内孕酮这种激素的水平骤升，肠道中双歧杆菌的数量会迅速地大量增加。

不管是为何繁殖的，你现在有一起去探索新世界的同伴啦，让我自己安静地待着吧！

没错儿，我们该出发了。给你最后一次机会，比菲，跟我们走吧！

嘭！

再见，菲多！

祝你好运！

嘭！

嘭！

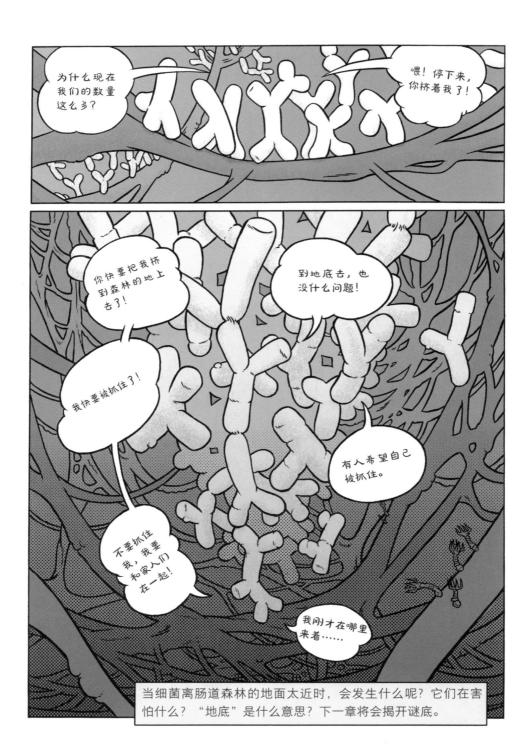

当细菌离肠道森林的地面太近时，会发生什么呢？它们在害怕什么？"地底"是什么意思？下一章将会揭开谜底。

第 2 章

在肠道森林的地底

树突状细胞"邓德利"将比菲拖出肠道，带它展开了一场奇特的冒险。比菲在这里遇到的各个角色，都来自婴儿西米的妈妈的免疫系统，它们沿着淋巴液流动的管道一路旅行，来到了西米妈妈的乳腺。之后，我们见到了刚出生的小西米。

比菲被推向肠壁的肠黏膜上皮细胞。这些细胞很像皮肤，它们的职责是充当屏障，紧紧地挤在一起，阻止不友善的细菌溜进"地底"大肆破坏……

上皮细胞

15

不友善的细菌就像沙门菌这样。*

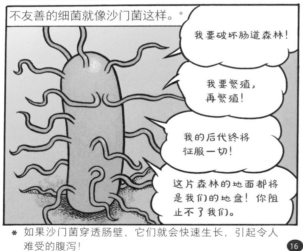

我要破坏肠道森林！

我要繁殖，再繁殖！

我的后代终将征服一切！

这片森林的地面都将是我们的地盘！你阻止不了我们。

* 如果沙门菌穿透肠壁，它们就会快速生长，引起令人难受的腹泻！

16

当心点儿！你不想被带到地底，不是吗？

地底？我对你们的"地底"报以轻蔑一笑！

17

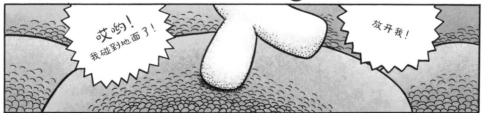

哎哟！我碰到地面了！

放开我！

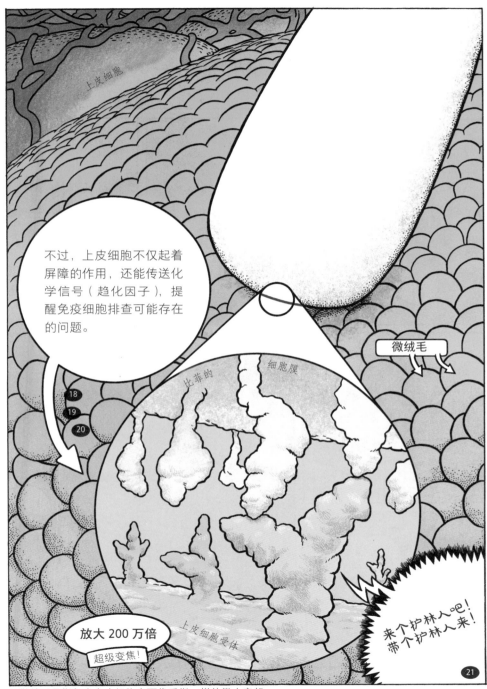

不过，上皮细胞不仅起着屏障的作用，还能传送化学信号（趋化因子），提醒免疫细胞排查可能存在的问题。

微绒毛

比菲的

细胞膜

放大 200 万倍

超级变焦！

上皮细胞受体

来个护林人吧！
带个护林人来！

* 微绒毛是指每个上皮细胞表面像手指一样的微小突起。

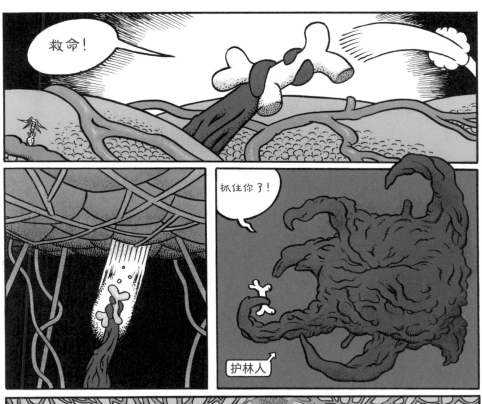

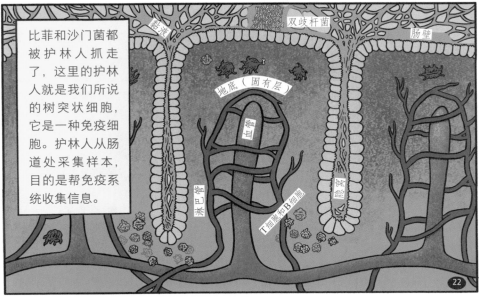

比菲和沙门菌都被护林人抓走了，这里的护林人就是我们所说的树突状细胞，它是一种免疫细胞。护林人从肠道处采集样本，目的是帮免疫系统收集信息。

22

幸会，我是邓德利。

我一点儿也不想知道你是谁！放开我！

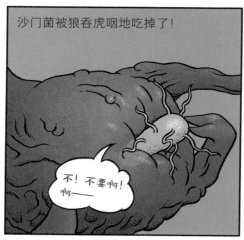

沙门菌被狼吞虎咽地吃掉了！

不！不要啊！啊——

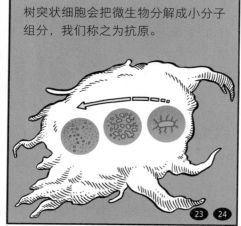

树突状细胞会把微生物分解成小分子组分，我们称之为抗原。

然后，像邓德利这样的树突状细胞把抗原陈列在细胞膜上，其他免疫细胞就能看到了。那么，等待着比菲的是同样的命运吗？

沙门菌碎片（抗原）

嗝——

请等一下……

你是我的样本，我必须把你吞下去，然后把你的碎片陈列在细胞膜上给我的经理看。

25

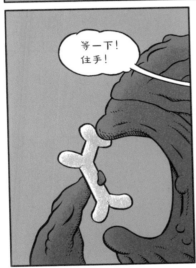

等一下！
住手！

我说住手！

T细胞

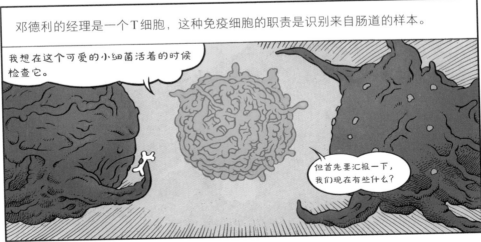

邓德利的经理是一个T细胞，这种免疫细胞的职责是识别来自肠道的样本。

我想在这个可爱的小细菌活着的时候检查它。

但首先要汇报一下，我们现在有些什么？

021

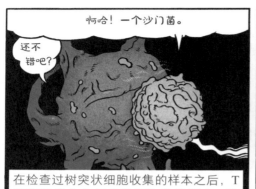

啊哈！一个沙门菌。

还不错吧？

在检查过树突状细胞收集的样本之后，T细胞通常会向树突状细胞发出指令，让它们自杀（这个过程叫作细胞凋亡）。*

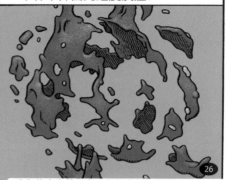

这样做可以阻止其他T细胞重复检查一个样本并因此过度反应。

26

*我们将会在第4章了解更多关于细胞凋亡的信息。

邓德利，感谢你的贡献。大家注意，这是一个沙门菌，这种细菌有害！

快去采集更多样本！让我们确保不会有麻烦出现！

好了，现在让我们仔细看看你……

咦？

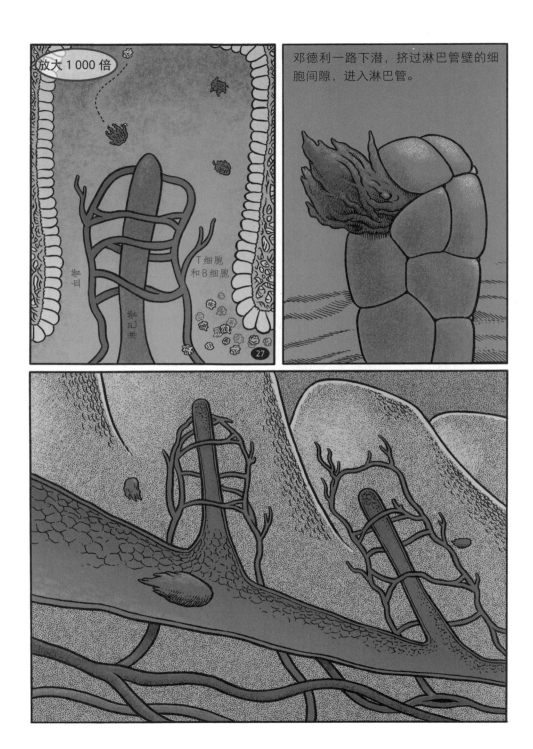

放大 1 000 倍

血管

淋巴管

T 细胞
和 B 细胞

27

邓德利一路下潜，挤过淋巴管壁的细胞间隙，进入淋巴管。

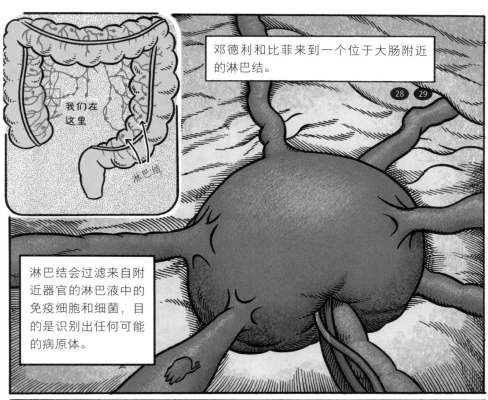

邓德利和比菲来到一个位于大肠附近的淋巴结。

28 29

我们在这里

淋巴结

淋巴结会过滤来自附近器官的淋巴液中的免疫细胞和细菌，目的是识别出任何可能的病原体。

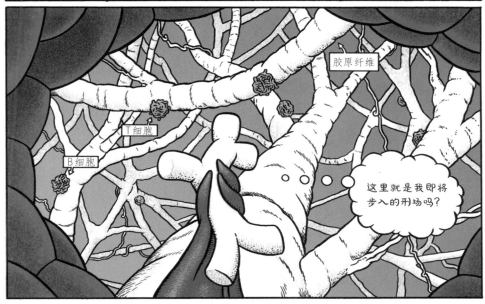

胶原纤维

T细胞

B细胞

这里就是我即将步入的刑场吗？

邓德利
和比菲
进入了
淋巴结。

在淋巴结中，T细胞、B细胞和树突状细胞沿着纵横交错的白色胶原蛋白"绳索"前行，互相寻找对方。

30

淋巴结（淋巴腺）是淋巴系统的一部分。淋巴系统由一系列器官组成，它与循环系统、免疫系统相互配合，探测并过滤掉毒素和病原体，防止人体生病。

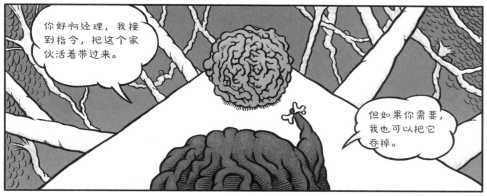

唔……一个双歧杆菌！

比菲杜氏细胞膜

T细胞受体

放大 200 万倍
（超级变焦）

身份识别成功：
朋友！

31

终于确认了！欢迎你，
我的朋友！

吁——谢天谢地！我是朋友？所以，我现在可以回到家人身边吗？

你的家人？
恐怕不行。

我们接到命令，要搜索像你一样的生物。有一个新宿主非常迫切地需要你。邓德利，把它带到乳腺去，差不多是时候了。去吧！

32 33

什么?! 到干什么事的时候了？宿主是什么？

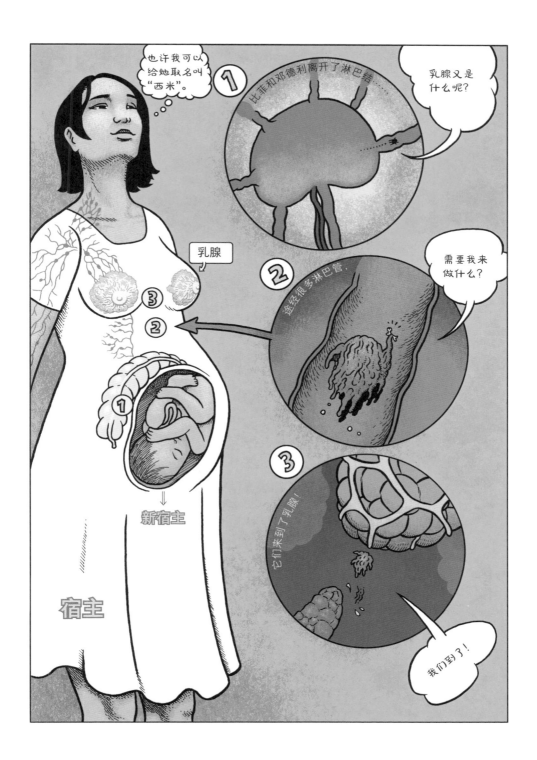

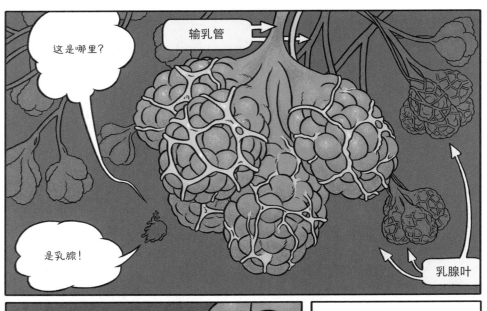

与此同时……

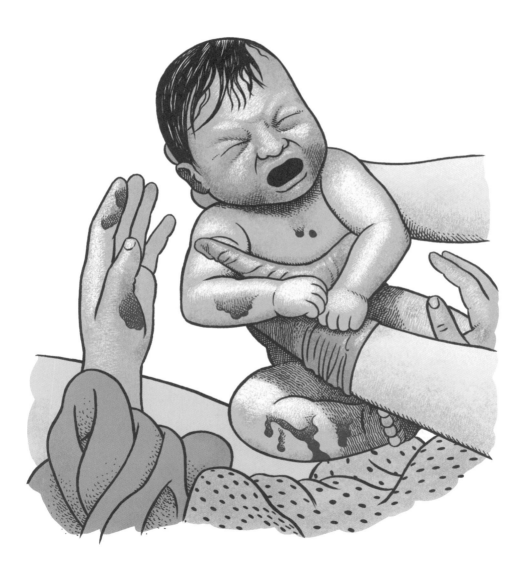

第 3 章

神奇母乳和致命危险

比菲被推进乳腺后，发现它那富有冒险精神的表兄菲多已经在那里了。它们见证了人体细胞制造乳汁的奇迹，遇见了更多免疫系统的成员，然后这些成员和乳汁一起被婴儿西米吞下，面临着对它们来说有毒的氧气分子带来的致命危险。

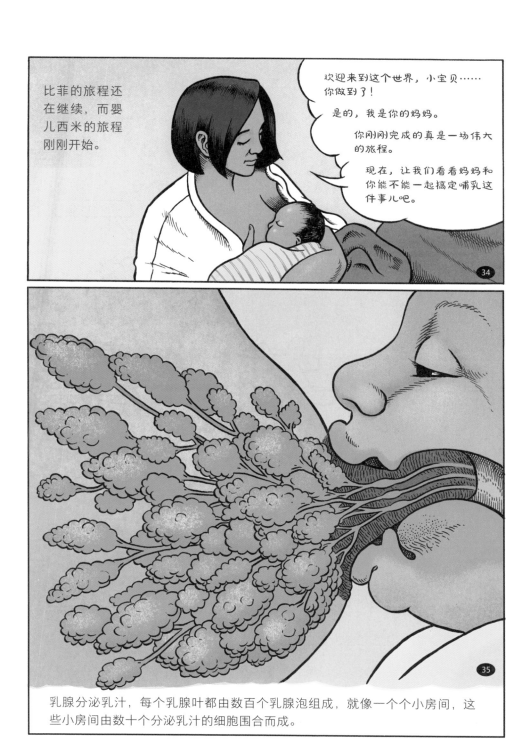

比菲的旅程还在继续，而婴儿西米的旅程刚刚开始。

欢迎来到这个世界，小宝贝……你做到了！

是的，我是你的妈妈。

你刚刚完成的真是一场伟大的旅程。

现在，让我们看看妈妈和你能不能一起搞定哺乳这件事儿吧。

乳腺分泌乳汁，每个乳腺叶都由数百个乳腺泡组成，就像一个个小房间，这些小房间由数十个分泌乳汁的细胞围合而成。

比菲被推进了一个乳腺泡。乳汁就是在这里分泌的，而制造乳汁的正是那些排列成乳腺泡壁的细胞。

巨噬细胞

脂肪

蛋白质

哦，我的肠道之神……

这是什么地方？

糖类

比菲漂浮在初乳中。初乳是一种特殊的乳汁，在婴儿降生后的最初几天才会分泌。

初乳中充满抗体，也就是用于保护婴儿并培训免疫系统的免疫细胞和微生物。

36

人乳有 4 种主要成分：水、脂肪、蛋白质和糖类。

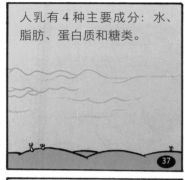

在乳腺泡这个小房间的顶部悬浮着一个巨大的脂肪滴。

脂肪是一种供应能量的重要物质。

脑、眼睛和神经细胞的发育都需要长链脂肪酸。

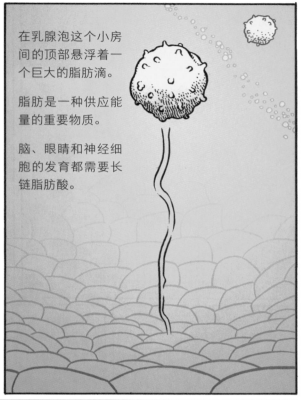

蛋白质是构建肌肉、软骨和皮肤的基本材料。

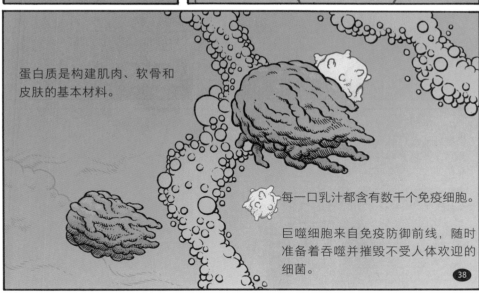

每一口乳汁都含有数千个免疫细胞。

巨噬细胞来自免疫防御前线，随时准备着吞噬并摧毁不受人体欢迎的细菌。

免疫系统的另一个成员是抗体。人类乳汁中存在的主要抗体叫作免疫球蛋白 A（IgA）。

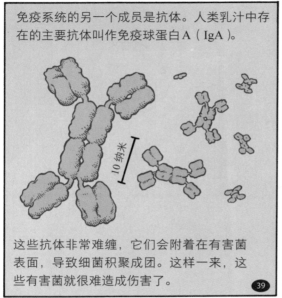

这些抗体非常难缠，它们会附着在有害菌表面，导致细菌积聚成团。这样一来，这些有害菌就很难造成伤害了。

39

乳汁中的主要糖类是乳糖。

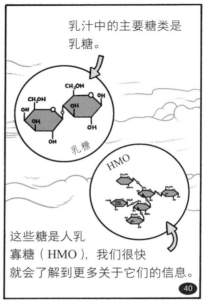

这些糖是人乳寡糖（HMO），我们很快就会了解到更多关于它们的信息。

40

当然了，乳汁中还有细菌。

比菲！是你吗？

41

菲多！你在这儿！你也是被一个护林人带到这里来的吗？

是的！他一把抓住了我！这是不是很迷人？

你难道不应该说这很可怕吗？

没有什么可以抓紧的东西了。这里到处都在震动……

你问为什么到处都在震动？因为要开始喂养小宝宝了呀。关于这个不可思议的过程，如果你想了解更多信息，就从下一页底部的序号 1 开始读吧……

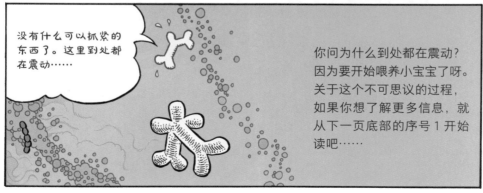

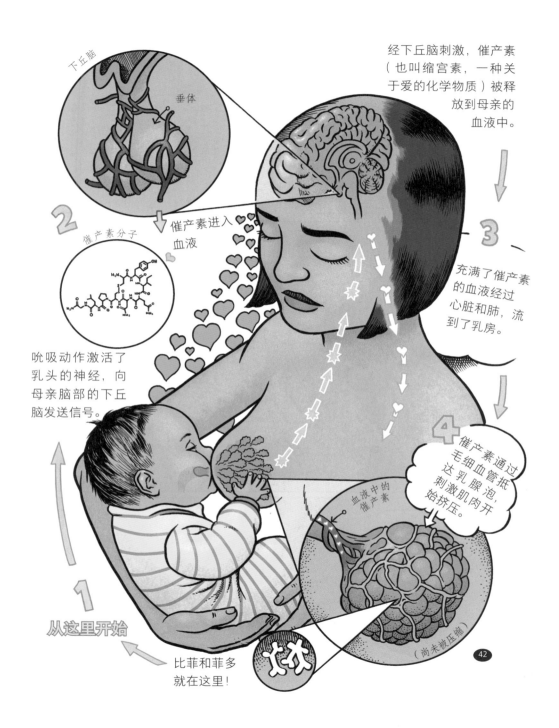

经下丘脑刺激，催产素（也叫缩宫素，一种关于爱的化学物质）被释放到母亲的血液中。

下丘脑

垂体

催产素分子

催产素进入血液

2

吮吸动作激活了乳头的神经，向母亲脑部的下丘脑发送信号。

3

充满了催产素的血液经过心脏和肺，流到了乳房。

4

催产素通过毛细血管抵达乳腺泡，刺激肌肉开始挤压。

血液中的催产素

（尚未被压缩）

42

1

从这里开始

比菲和菲多就在这里！

037

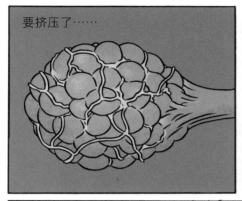

要挤压了……

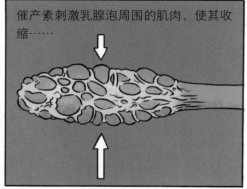

催产素刺激乳腺泡周围的肌肉，使其收缩……

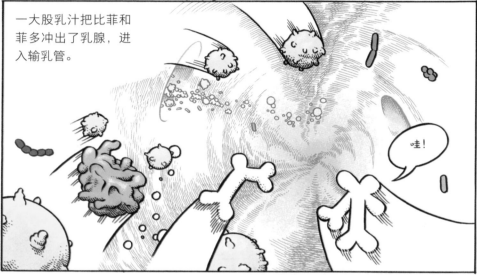

一大股乳汁把比菲和菲多冲出了乳腺，进入输乳管。

哇！

我们要去哪里？

输乳管

比菲和菲多被挤向输乳管尽头……

它们被挤出了乳头，来到婴儿的嘴里。

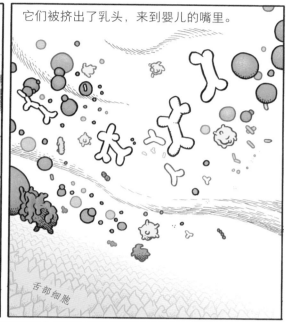

舌部细胞

但它们并没有被立即咽下……

乳头

乳汁

舌头

它们在这里！

它们在婴儿嘴里跌跌撞撞，东倒西歪。这里的空气要比这两个双歧杆菌以前去过的地方多出太多了。

比菲和菲多被乳汁冲向一个气泡，它们并不知道危险即将来临。

？

43

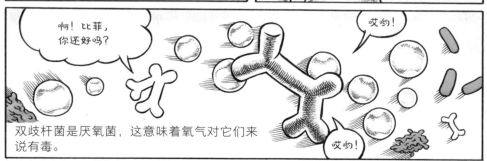

啊！比菲，你还好吗？

哎哟！

哎哟！

双歧杆菌是厌氧菌，这意味着氧气对它们来说有毒。

★ 空气中含有 78% 的氮气，21% 的氧气。

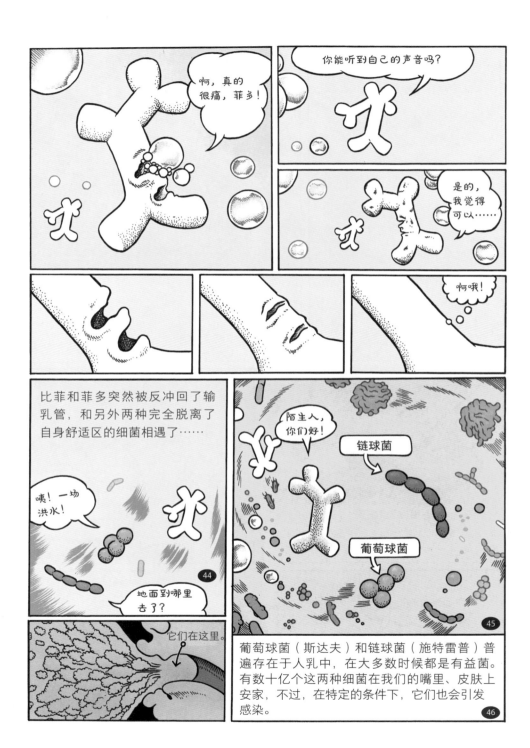

啊，真的很痛，菲多！

你能听到自己的声音吗？

是的，我觉得可以……

啊哦！

比菲和菲多突然被反冲回了输乳管，和另外两种完全脱离自身舒适区的细菌相遇了……

唉！一场洪水！

地面到哪里去了？

44

它们在这里。

陌生人，你们好！

链球菌

葡萄球菌

45

葡萄球菌（斯达夫）和链球菌（施特雷普）普遍存在于人乳中，在大多数时候都是有益菌。有数十亿个这两种细菌在我们的嘴里、皮肤上安家，不过，在特定的条件下，它们也会引发感染。

46

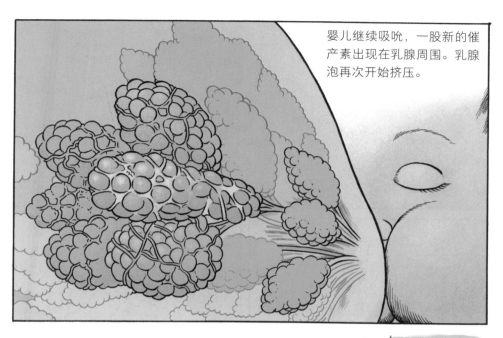

婴儿继续吸吮，一股新的催产素出现在乳腺周围。乳腺泡再次开始挤压。

比菲、菲多和其他微生物被射出去，在管道中一路向前，离开输乳管，来到婴儿的嘴里。

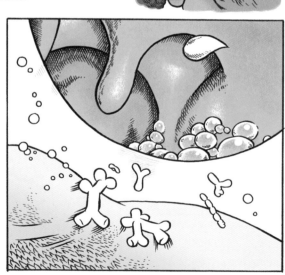

我们又要走了！

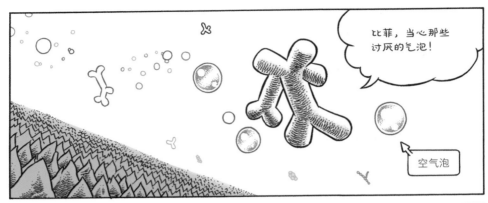

所有细胞都有快速修复自身细胞膜的能力。但如果它们的细胞膜上裂缝太多，它们也会因此死去。

47

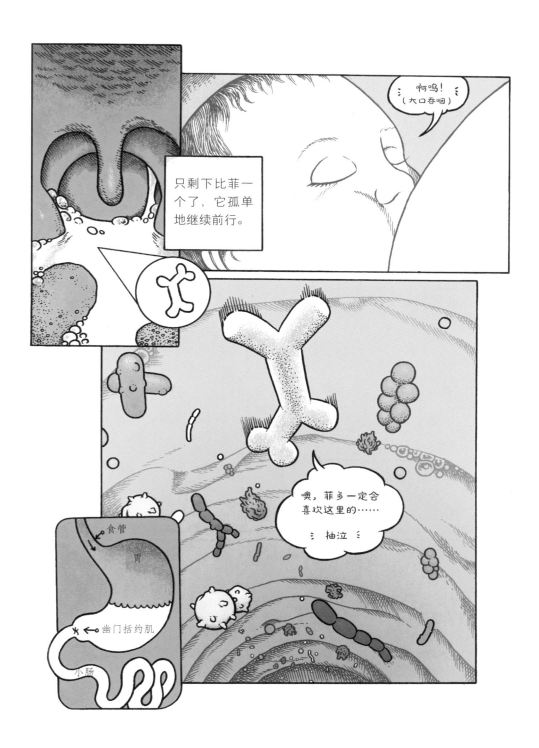

只剩下比菲一个了，它孤单地继续前行。

啊呜！
（大口吞咽）

噢，菲多一定会喜欢这里的……

≋抽泣≋

食管
胃
幽门括约肌
小肠

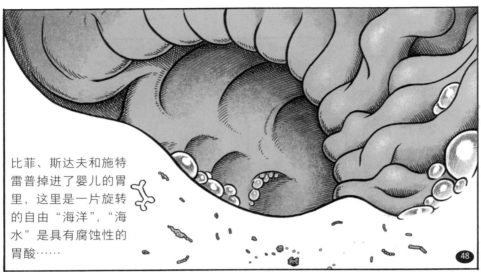

比菲、斯达夫和施特雷普掉进了婴儿的胃里，这里是一片旋转的自由"海洋"，"海水"是具有腐蚀性的胃酸……

48

斯！在这里感觉好痛……我们怎么做才能出去？

胃会分泌盐酸，帮助消化食物并杀死细菌……但是，一个新生儿的胃里酸性不会太强。

看！在那里！我们正被冲向一个出口！

幽门括约肌

你觉得这是出去的路吗，比菲？

反正菲多不在了，我并不关心我们会被冲到哪里去。

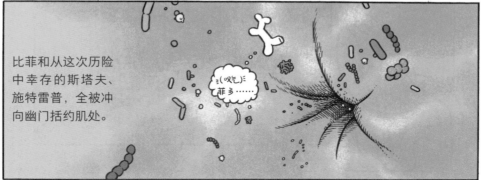

比菲和从这次历险中幸存的斯达夫、施特雷普，全被冲向幽门括约肌处。

（叹气）菲多……

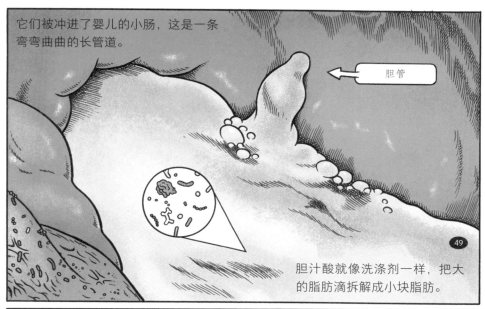

它们被冲进了婴儿的小肠，这是一条弯弯曲曲的长管道。

胆管

胆汁酸就像洗涤剂一样，把大的脂肪滴拆解成小块脂肪。

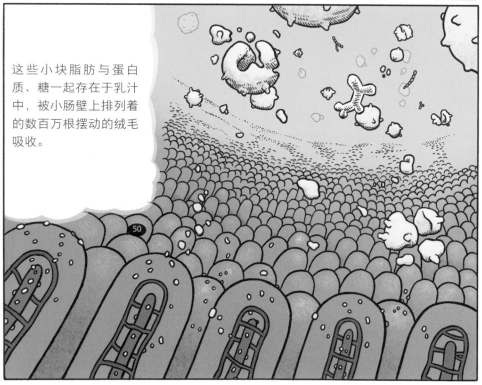

这些小块脂肪与蛋白质、糖一起存在于乳汁中，被小肠壁上排列着的数百万根摆动的绒毛吸收。

但是，有一种成分完全不会被人体吸收。

HMO

人乳寡糖！

放大 1 000 倍
（这种分子都
没有比菲大）

这种糖不能被人体吸收，反倒是比菲的绝佳食物。

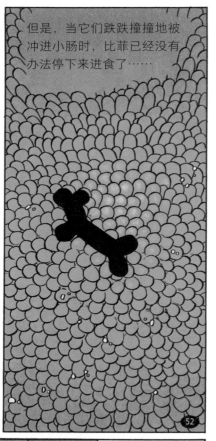

但是，当它们跌跌撞撞地被冲进小肠时，比菲已经没有办法停下来进食了……

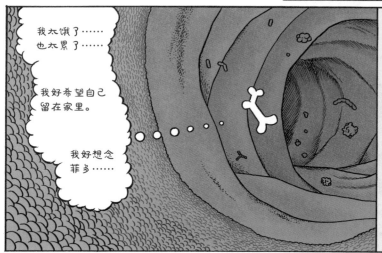

我太饿了……也太黑了……

我好希望自己留在家里。

我好想念菲多……

比菲已经走过了比它们曾经想象的还要远的地方。

没有回头路可以走，它们唯一的选择就是继续走下去……

第 4 章

甜蜜与友谊

比菲来到了婴儿西米的肠道，这里有一片黏液森林刚刚开始生长。一小群双歧杆菌附着在黏液上，欢迎着比菲的到来，并用美食招待这些远道而来的客人。不过，真正奇妙的食物是什么呢？那是一种比菲以前从未吃过的糖，它将改变一切。

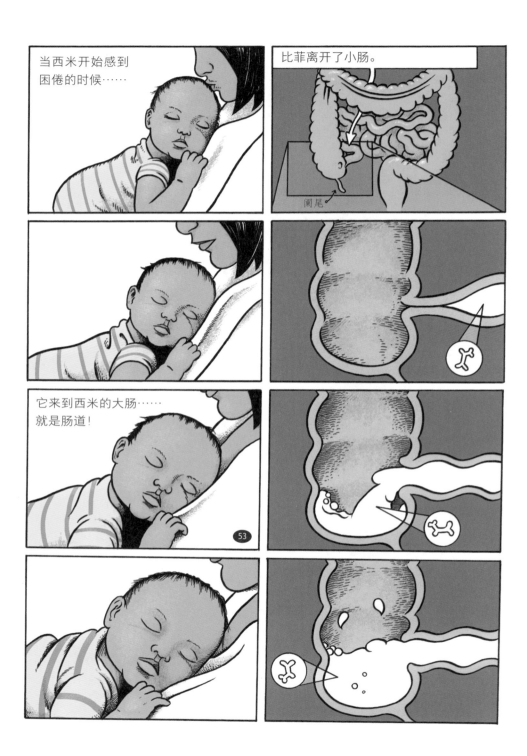

当西米开始感到
困倦的时候……

比菲离开了小肠。

阑尾

它来到西米的大肠……
就是肠道！

53

048

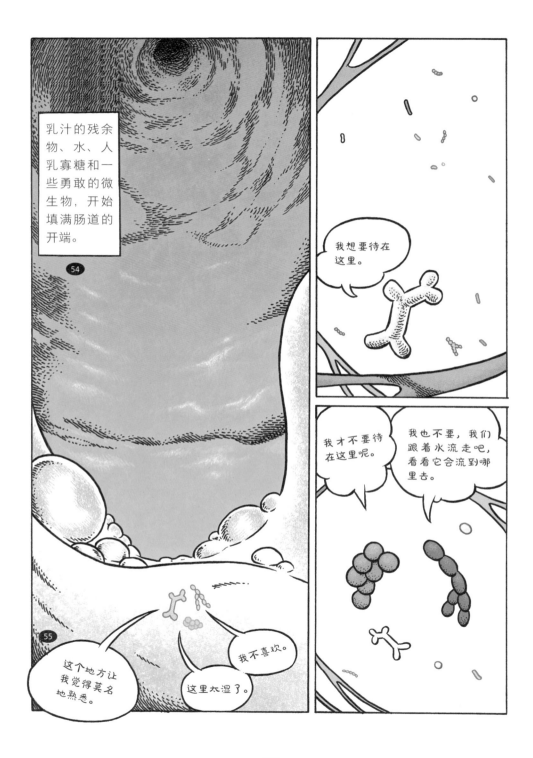

乳汁的残余物、水、人乳寡糖和一些勇敢的微生物，开始填满肠道的开端。

54

55

我想要待在这里。

我才不要待在这里呢。

我也不要，我们跟着水流走吧，看看它会流到哪里去。

这个地方让我觉得莫名地熟悉。

我不喜欢。

这里太湿了。

突然……

喂！那是一个双歧杆菌吗？

嘿，兄弟，在这儿！

双歧杆菌（比菲的同类）是最先在人类肠道中安家落户的微生物。

是家人！是我的双歧杆菌家族！真的是你们吗？

再见了！

救命！我要被冲走了！

坚持住，你行的！

哦……你好，你们是？我以前好像没见过你们。

我们是乳杆菌。

很高兴见到你们。

57

我们也叫乳酸菌，可能是最早来到婴儿肠道的一批微生物呢。

明白了。

我们是革兰氏阳性菌，是耐氧的厌氧菌，也可以说是微量需氧菌。我们是杆状细菌，不会形成孢子。我们经常……

呃，抱歉……我得走了。

不管怎么样，吃点儿东西，放松一下吧，就像在自己家一样。别客气！

上皮细胞

噢，看啊！新来的那个双歧杆菌要初次品尝HMO了。

真令人开心。

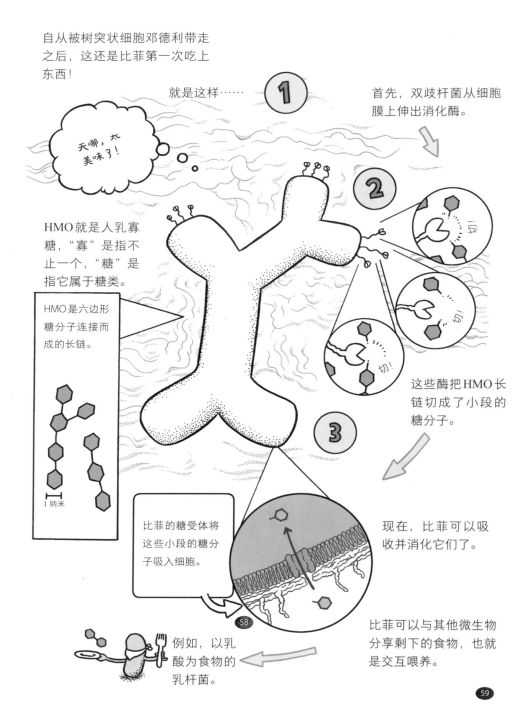

自从被树突状细胞邓德利带走之后,这还是比菲第一次吃上东西!

就是这样……

①

首先,双歧杆菌从细胞膜上伸出消化酶。

天哪,太美味了!

HMO就是人乳寡糖,"寡"是指不止一个,"糖"是指它属于糖类。

HMO是六边形糖分子连接而成的长链。

②

切!

这些酶把HMO长链切成了小段的糖分子。

③

1纳米

比菲的糖受体将这些小段的糖分子吸入细胞。

现在,比菲可以吸收并消化它们了。

例如,以乳酸为食物的乳杆菌。

比菲可以与其他微生物分享剩下的食物,也就是交互喂养。

58

59

054

就这样，伟大的营养共生关系建立了，饥饿的细菌把糖类切碎，与其他微生物分享残余的食物，然后互相吞噬对方的排泄物。

当双歧杆菌和乳杆菌消化糖类时，它们会通过叫作发酵的过程获得能量。

随后，它们会把一串特别的排泄物分子排到细胞外。

不过，这种排泄物并不是无用的废物！这些分子可以被人体的不同部位利用。

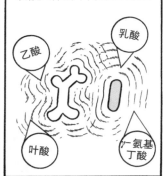

随着双歧杆菌和乳杆菌的一波又一波排泄物逐渐漂远，其中有些分子就会接触到上皮细胞。

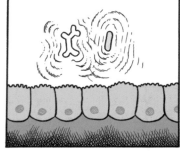

上皮细胞会很快地吸收它们。

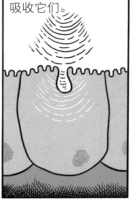

人体用这些分子来做什么呢？

乙酸会激活上皮细胞内的一种抗炎信号。

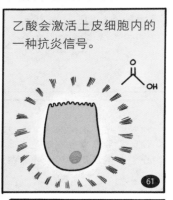

上皮细胞派出信号分子，让固有层的T细胞和B细胞安静下来。

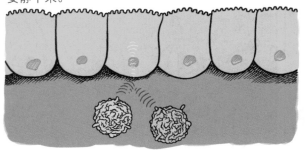

这是为了避免以后出现哮喘等过敏反应。

乙酸也会刺激一些特殊的上皮细胞，使其将一种激素释放到血液中。

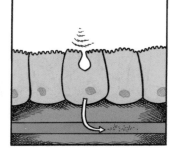

当有足够的激素到达大脑时……

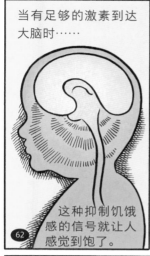

这种抑制饥饿感的信号就让人感觉到饱了。

62

叶酸

也称维生素 B_9

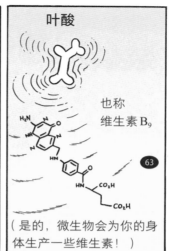

63

（是的，微生物会为你的身体生产一些维生素！）

叶酸帮助细胞产生新的 DNA（脱氧核糖核酸）和 RNA（核糖核酸），它们代表生命的指令。

未被细菌和上皮细胞利用的物质，会被吸收进附近的血管。

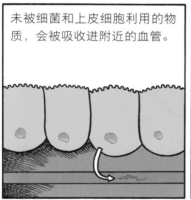

这些物质随血流运行到全身，帮助构建新的血细胞。

乳酸

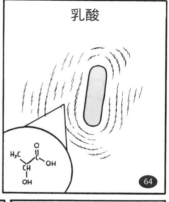

64

乳酸刺激上皮干细胞增殖。

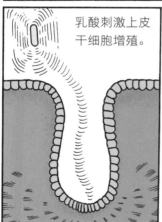

γ-氨基丁酸
一种神经递质

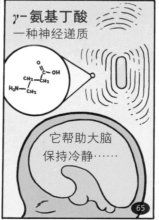

它帮助大脑保持冷静……

65

这项功能由固有层的神经细胞实现。

66

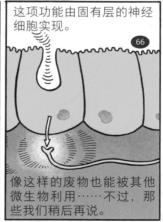

像这样的废物也能被其他微生物利用……不过，那些我们稍后再说。

057

在这个新的菌落发展壮大的同时，婴儿的免疫系统也开始学习辨别哪些是注定要定居在这里的细菌。

第 5 章

终于成了自己人

两个怪异的树突状细胞在地底下辛勤工作，试图搞清楚哪种细菌可能会对婴儿西米的身体有害。当它们从肠道中拉出一个双歧杆菌时，大家都学到了一些东西。

同时，婴儿西米正在吸收她接收到的一切信息……

你好，我是树突状细胞，你是我的样本。

你是什么？一棵杂草吗？ 69

我抓到了一棵杂草！全员警戒！

等等，你刚才不是说不知道自己抓到的是什么吗？

对，没错儿。我要把你带到我的经理面前去。

现在出于好意……我要吞下我的样本……

什么?!

不！

然后把碎片给我的经理看！

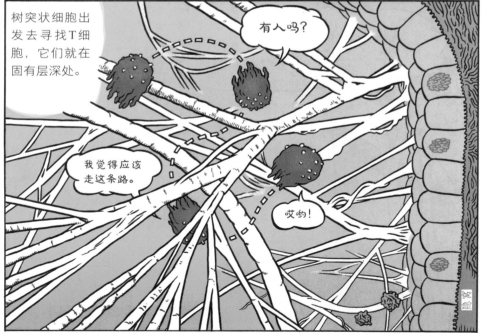

树突状细胞出发去寻找T细胞，它们就在固有层深处。

有人吗？

我觉得应该走这条路。

哎哟！

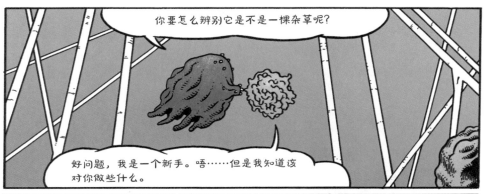

细胞因子

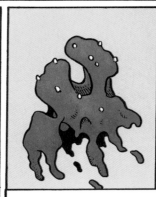

T细胞激活了树突状细胞的自杀机制，让它解体了⋯⋯

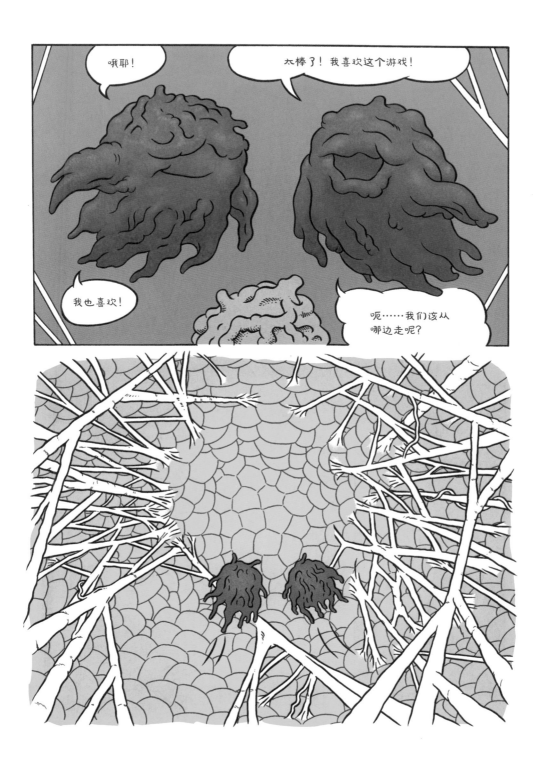

细胞因子

T细胞

就这样，免疫系统学会了接受双歧杆菌，把它们看成"自己人"，因此双歧杆菌不会再受到攻击了。

比菲发现了一个安全的避难所，它可以在那里生长繁衍。微生物和人类一起向着共生关系迈出了一步，让我们看看这会给它们带来什么。

第 6 章

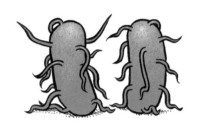

埃希菌的肺部历险记

一群精疲力竭的陌生细菌来到了肠道森林。这些埃希菌讲述了它们穿过婴儿西米肺部的冒险故事，免疫细胞在那里和一种外来病毒展开斗争，而埃希菌在混乱中被困住了。等埃希菌给比菲讲完这个故事，我们就会知道它们是否也能在肠道觅得容身之所了。

每个人来拜访时，都会有不同的微生物伙伴进入婴儿西米的世界。 73

这是我们家树上结的柑橘。

我做了一些吃的，你可以放在冰箱里。

格兰说让我来看看，你需不需要我帮忙遛狗？

哦，小宝宝……醒来吧，让我抱抱你这个迷人的小家伙！

能给我们来杯下午茶吗？

就这样，比菲来到婴儿西米的肠道两天之后，
一群陌生细菌沿着消化液"河流"漂来……

埃希菌

大肠埃希菌是杆状细菌。几乎所有埃希菌对人类来说都是有益菌，只有少数几种
才会引起食物中毒、痢疾乃至死亡，这让它们臭名昭著。但事实上，这种恶名对
它们来说并不公正。

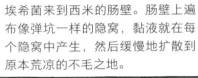
埃希菌来到西米的肠壁。肠壁上遍布像弹坑一样的隐窝，黏液就在每个隐窝中产生，然后缓慢地扩散到原本荒凉的不毛之地。

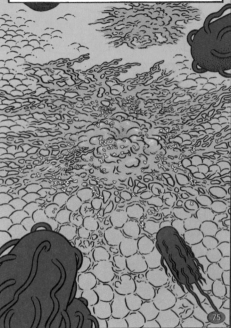

欢迎你们，陌生人！

喂！

非常感谢！这真是一段让人精疲力竭的漫长旅程。

我们是双歧杆菌，你们呢？

我们是埃希菌。

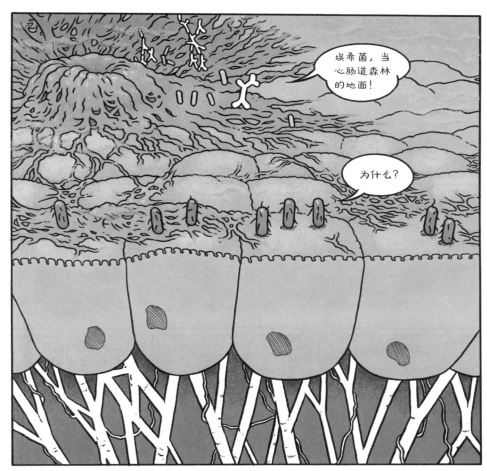

当埃希菌接触到肠壁时，上皮细胞感受到它们的存在并做出响应！上皮细胞释放细胞因子，吸引免疫细胞来到这里，比如召唤树突状细胞来检查肠壁是否出现了问题。

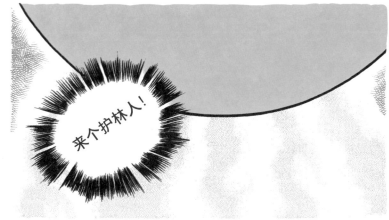

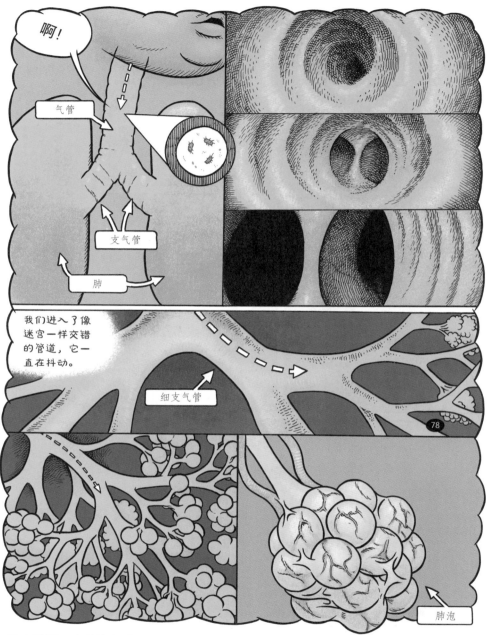

肺由数百万个肺泡组成，肺泡就像用超薄膜做成的小气球一样。这是身体用血液中的
二氧化碳交换外界的氧气的场所。

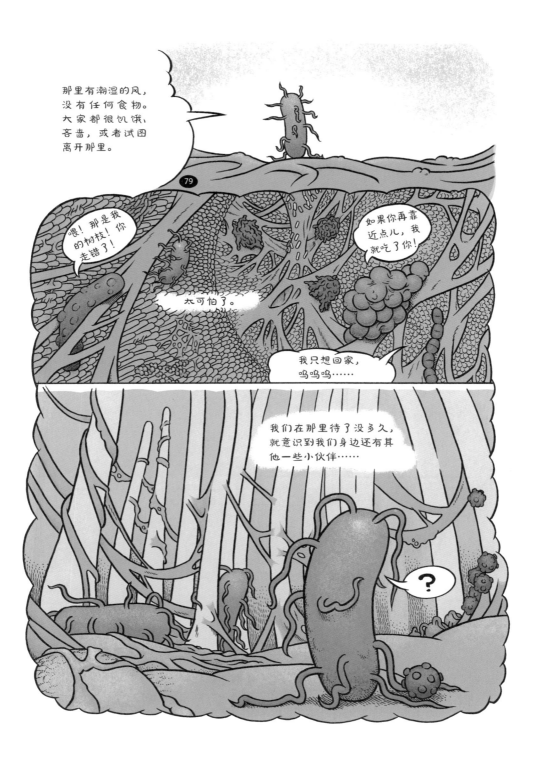

你好!

你是从哪里来的?

200
纳米

这是一个呼吸道合胞病毒,婴幼儿容易感染它。

80

抽鼻子

阿嚏!

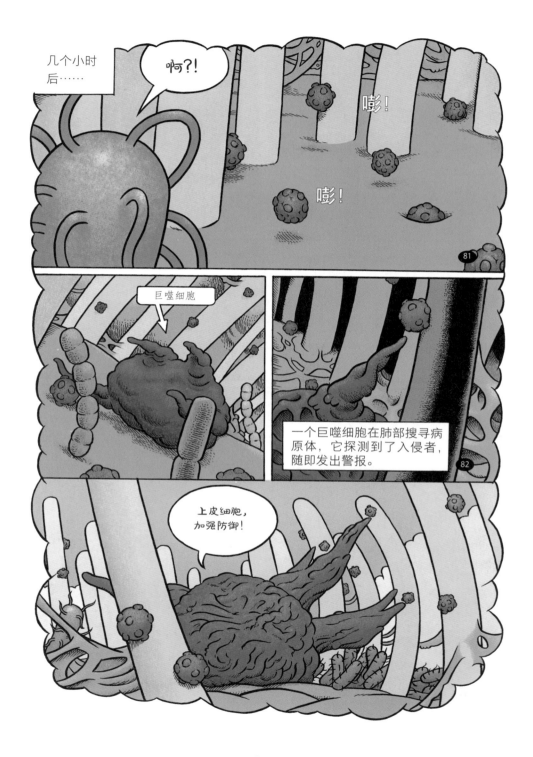

几个小时后……

啊?!

嘭!

嘭!

81

巨噬细胞

一个巨噬细胞在肺部搜寻病原体,它探测到了入侵者,随即发出警报。

82

上皮细胞,加强防御!

我们周围忽然有黏糊糊的
枝丫开始生长……

它们泛滥成灾。

83

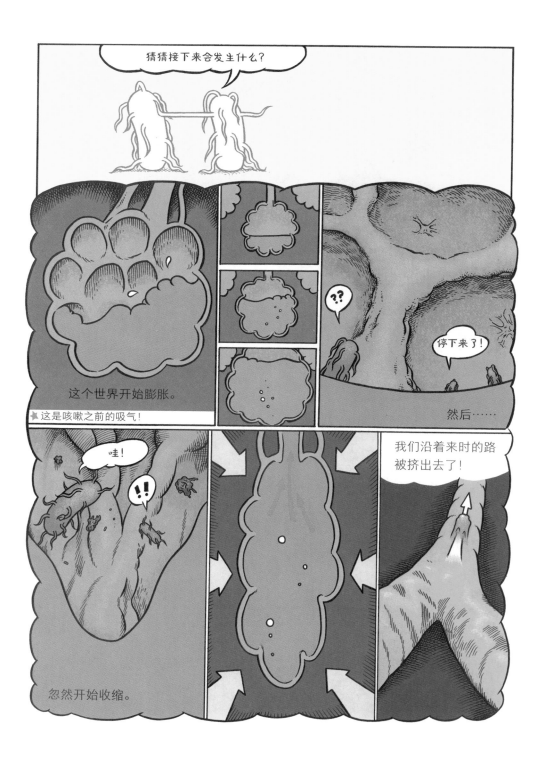

咳咳!

黏液的过量产生会激发咳嗽反射，帮助清理肺部。

我们暂时待在一个藤蔓纠缠交错的地方。

嗝!

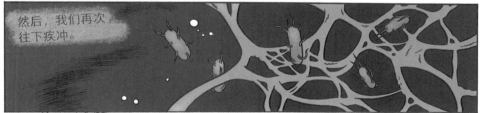

然后，我们再次往下疾冲。

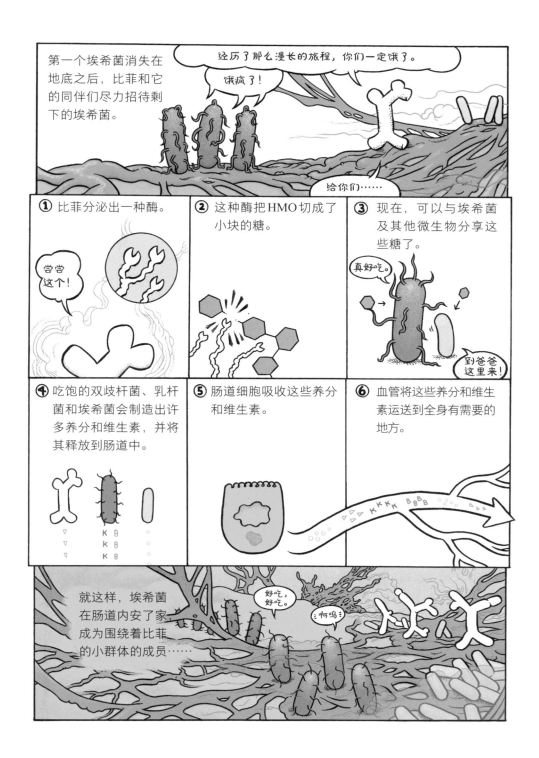

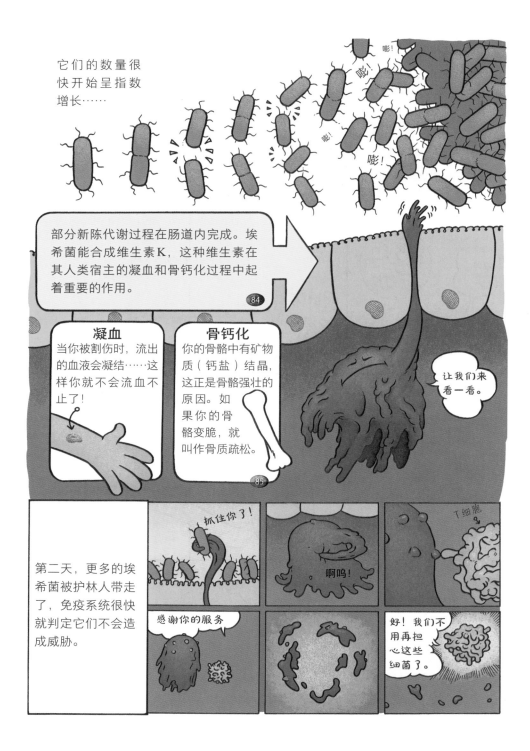

它们的数量很快开始呈指数增长……

嘭!
嘭!
嘭!
嘭!

部分新陈代谢过程在肠道内完成。埃希菌能合成维生素K，这种维生素在其人类宿主的凝血和骨钙化过程中起着重要的作用。 84

凝血
当你被割伤时，流出的血液会凝结……这样你就不会流血不止了！

骨钙化
你的骨骼中有矿物质（钙盐）结晶，这正是骨骼强壮的原因。如果你的骨骼变脆，就叫作骨质疏松。 85

让我们来看一看。

第二天，更多的埃希菌被护林人带走了，免疫系统很快就判定它们不会造成威胁。

抓住你了！

啊呜！

T细胞

感谢你的服务

好！我们不用再担心这些细菌了。

比菲所在的双歧杆菌小菌落
变得越来越拥挤。

只要森林变得再
茂密一些，像我
的老家那样……
就会有空间让我
们住得舒服了。

比菲是对的，一片更茂密的森林可以为所有细菌提供更好的居所。还
有别的细菌即将到达肠道，它们会让一切变得不同。

第 7 章

罗斯氏菌的超能力

我们遇见罗斯氏菌"罗斯"的时候,它正身陷险境——冲进了婴儿西米的嘴巴。但是,罗斯有一种特殊的生存技能,我们可以近距离观察一下。当罗斯来到西米的肠道时,它使得那里水花四溅……或者可以说引起了一场爆炸?

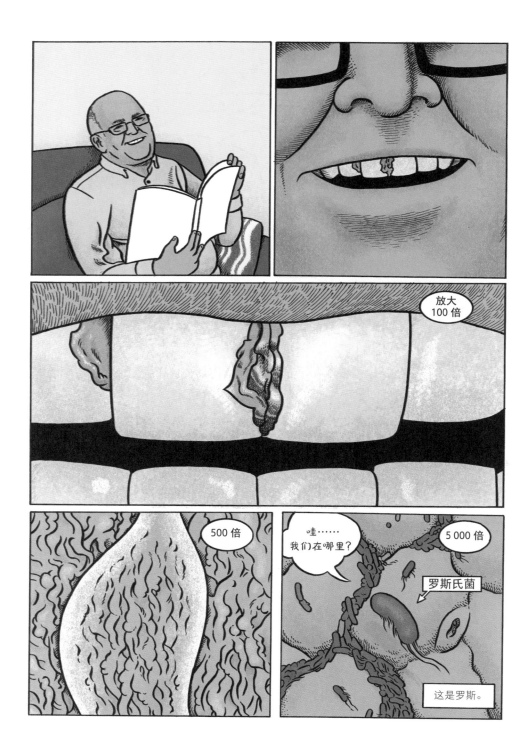

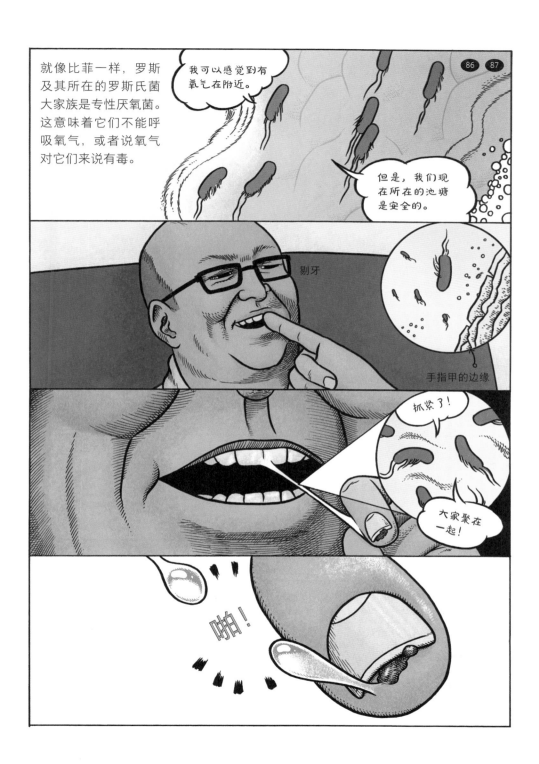

有些细菌（比如罗斯氏菌）能够形成芽孢，可以保护它们免遭氧气及其他致命威胁的伤害……下面来看看它们具体是怎样做的。

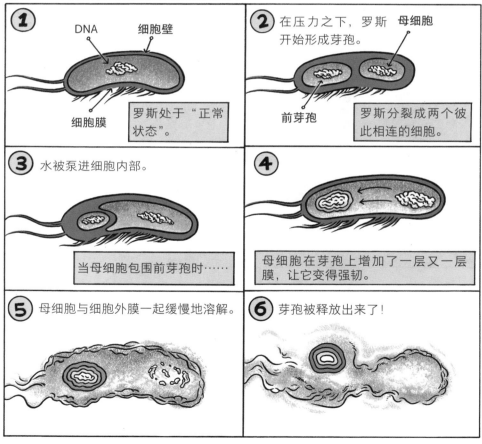

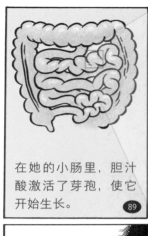

在她的小肠里，胆汁酸激活了芽孢，使它开始生长。89

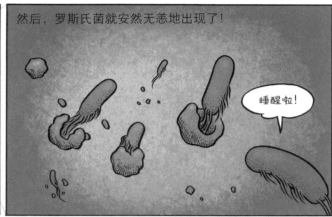

然后，罗斯氏菌就安然无恙地出现了！

睡醒啦！

它们穿过小肠，一路弯弯曲曲地下行，直到……

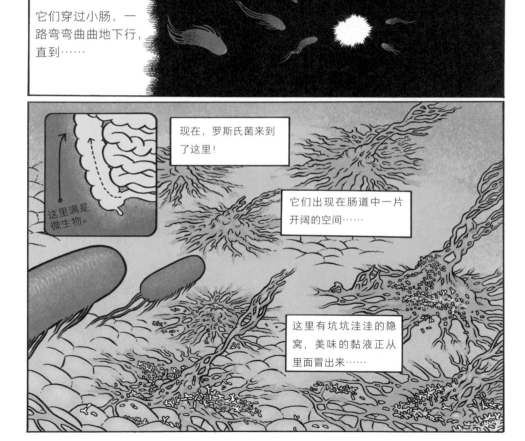

这里满是微生物。

现在，罗斯氏菌来到了这里！

它们出现在肠道中一片开阔的空间……

这里有坑坑洼洼的隐窝，美味的黏液正从里面冒出来……

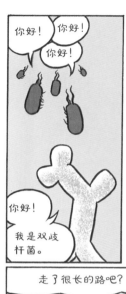

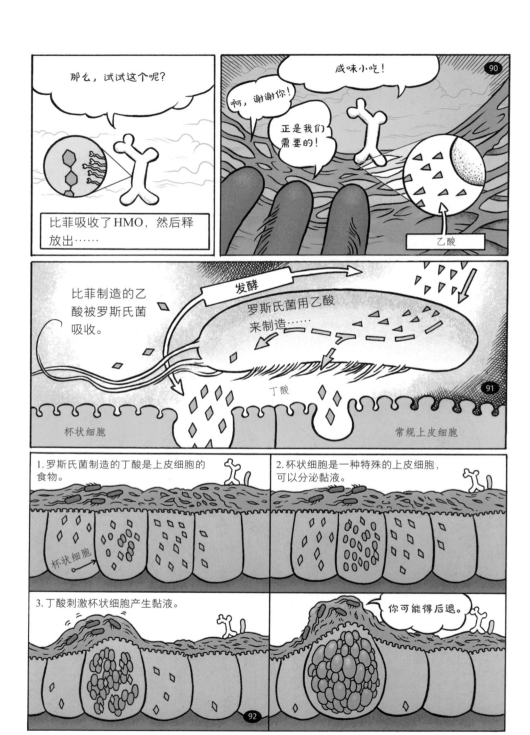

你可以帮助森林成长！

没错儿。

哇！

咔！嘭！

在比菲周围，得到足够食物喂养的罗斯氏菌刺激肠道产生更多的黏液。

嘭！

妈呀！

哗啦！

随着时间推移，罗斯及其家族将会在这个新家定居下来，开枝散叶，并且促进婴儿西米肠道中那片年幼的黏液森林生长。

但是，我们也不能高兴得太早……

第 8 章

来自狗狗的拟杆菌

又有陌生细菌来到了婴儿西米的肠道，这次是
拟杆菌"罗伊迪"。它与偶尔会炸毁它的微小捕
食者一同旅行，但这并不妨碍它们在比菲的附
近安家。

一个月

两个月

三个月

四个月

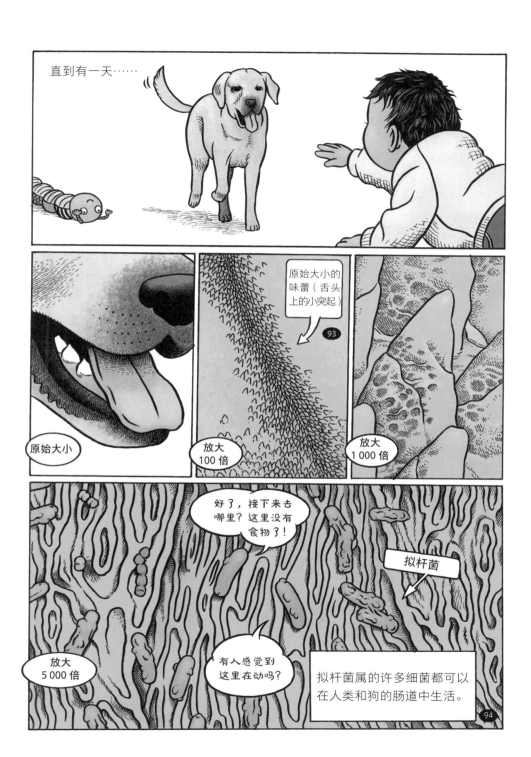

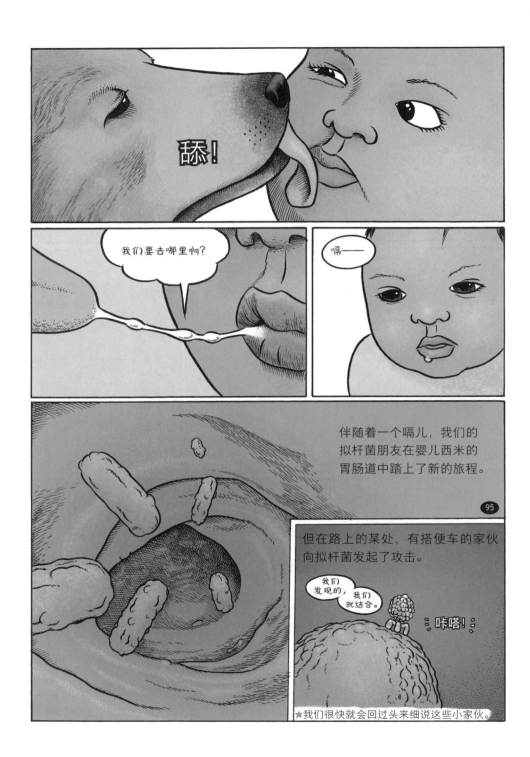

伴随着一个嗝儿，我们的
拟杆菌朋友在婴儿西米的
胃肠道中踏上了新的旅程。

这些黏液线真美味呀！

吧唧！

哦，你想要吃掉这片森林吗？

吧唧！

我以前也会吃掉森林里的黏液，不过是在没有别的可吃的情况下。

★拟杆菌进食的过程和双歧杆菌在第 9 页做的事情是一样的。

当拟杆菌进食时，其中一个发现它身边的朋友举动有点儿奇怪……

喂，你还好吗？

这些黏液线太黏稠了，我觉得好恶心……

呕！

哦，不要……

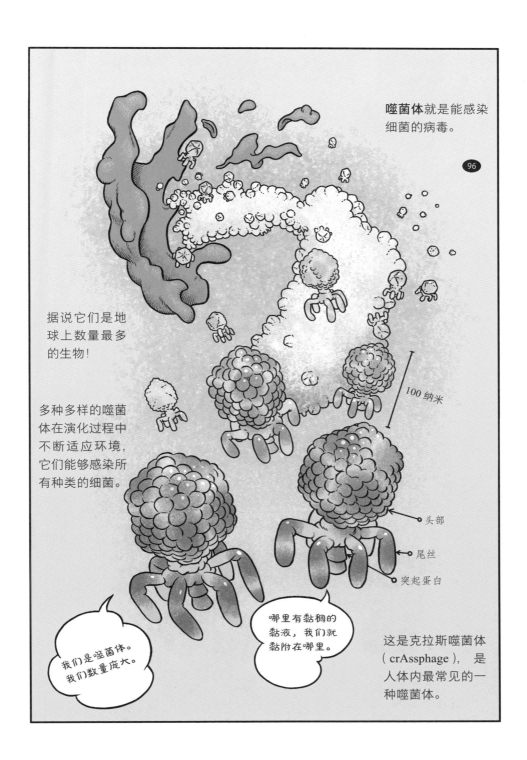

噬菌体就是能感染细菌的病毒。

96

据说它们是地球上数量最多的生物！

多种多样的噬菌体在演化过程中不断适应环境，它们能够感染所有种类的细菌。

100 纳米

头部

尾丝

突起蛋白

我们是噬菌体。我们数量庞大。

哪里有黏稠的黏液，我们就黏附在哪里。

这是克拉斯噬菌体（crAssphage），是人体内最常见的一种噬菌体。

尽管胃口不好，拟杆菌似乎还是发挥了作用，让一切都松弛下来。

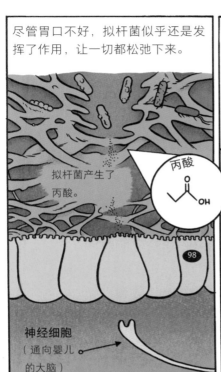

拟杆菌产生了丙酸。

丙酸

98

神经细胞
（通向婴儿的大脑）

一些丙酸会扩散到组成肠黏膜的细胞内，包括那些擅长制造血清素（5-羟色胺）的特殊细胞。

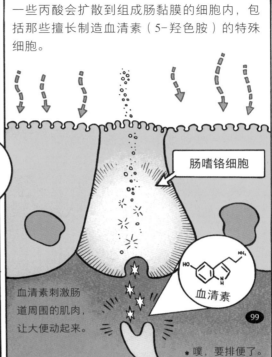

肠嗜铬细胞

血清素

99

血清素刺激肠道周围的肌肉，让大便动起来。

*噗，要排便了。

血清素也会激活一系列（令人欣快的）信号，这些信号沿着神经通路上传到大脑。

通往大脑

100

111

第 9 章

"比菲"的大挑战

当婴儿西米开始试着吃固体食物时，双歧杆菌比菲的家园又发生了变化。我们遇见了鲁米（可别和同名的波斯诗人搞混了），这是一种不可思议的细菌，它和胡萝卜一起来到西米的肠道。鲁米和拟杆菌真的走得很近，这让钟爱母乳的比菲的日子变得越发难过了。

在过去 6 个月里，一切都大变样了。朋友们来了又去，它们在婴儿西米肠道中建立的社区也在发展壮大。

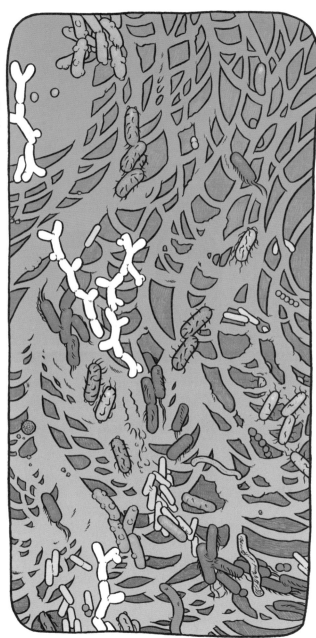

噬菌体

埃希菌

乳杆菌

巨噬细胞

双歧杆菌

罗斯氏菌

拟杆菌

但是，双歧杆菌即将面临有生以来最大的挑战……

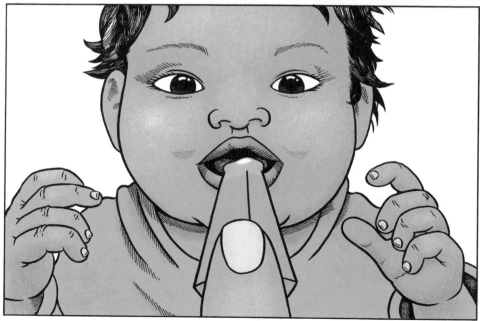

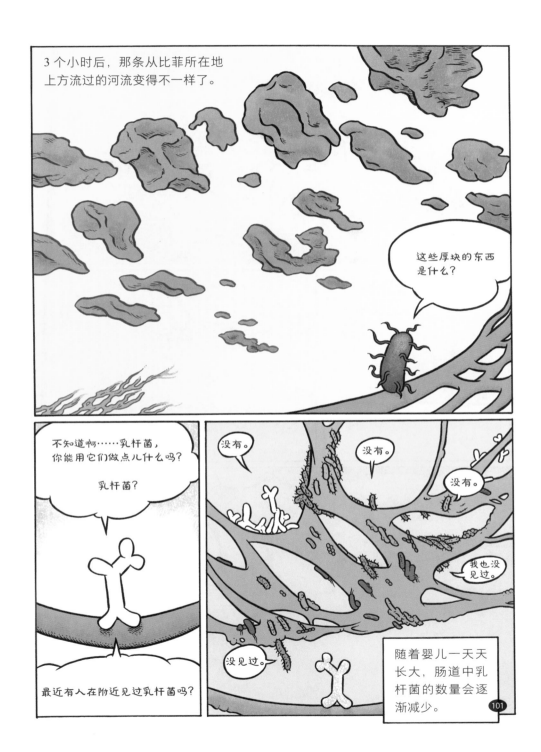

3 个小时后，那条从比菲所在地上方流过的河流变得不一样了。

这些厚块的东西是什么？

不知道啊……乳杆菌，你能用它们做点儿什么吗？

乳杆菌？

最近有人在附近见过乳杆菌吗？

没有。

没有。

没有。

我也没见过。

没见过。

随着婴儿一天天长大，肠道中乳杆菌的数量会逐渐减少。

101

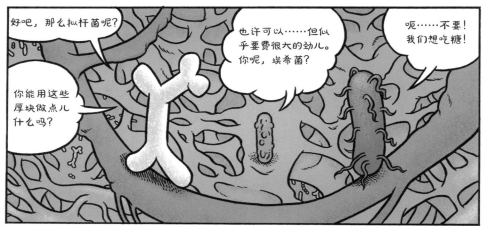

好吧，那么拟杆菌呢？

你能用这些厚块做点儿什么吗？

也许可以……但似乎要费很大的劲儿。你呢，埃希菌？

呃……不要！我们想吃糖！

比菲，你不能为我们提供更多甜点吗？

现在不行，那种特别的糖没有像平时一样按时送达。

没有人能对这些厚块做点儿什么吗？

当你想要什么东西的时候……

它们就出现了。

瘤胃球菌

在肠道内，瘤胃球菌在分解植物纤维的过程中发挥着重要作用。瘤胃球菌有不同种类的手臂，其中一些手臂的功能是附着在纤维（比如纤维素）上……

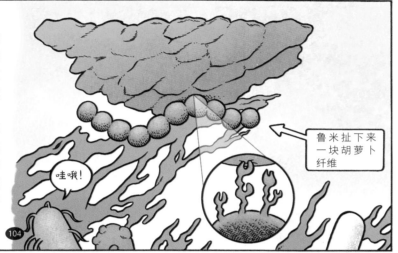

鲁米扯下来一块胡萝卜纤维

哇哦！

104

还有一些手臂用于把纤维素切成小块的糖，然后鲁米就能吸收这些糖……

鲁米

并产生乙酸（作为一种废物）。

美味！

罗斯氏菌

埃希菌

除了乙酸，鲁米还会和大家分享别的。

小泡

这是什么？

105

鲁米刚才释放了一些DNA，并用一个小包裹（小泡）装载它们。这些小泡能运送各种各样的货物，比如营养物和毒素，还有DNA。让我们看看，当这个小泡来到拟杆菌身边时会发生什么。

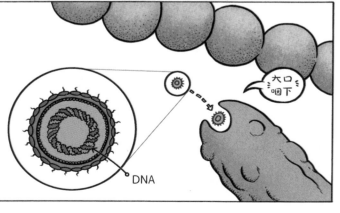

DNA

大口咽下

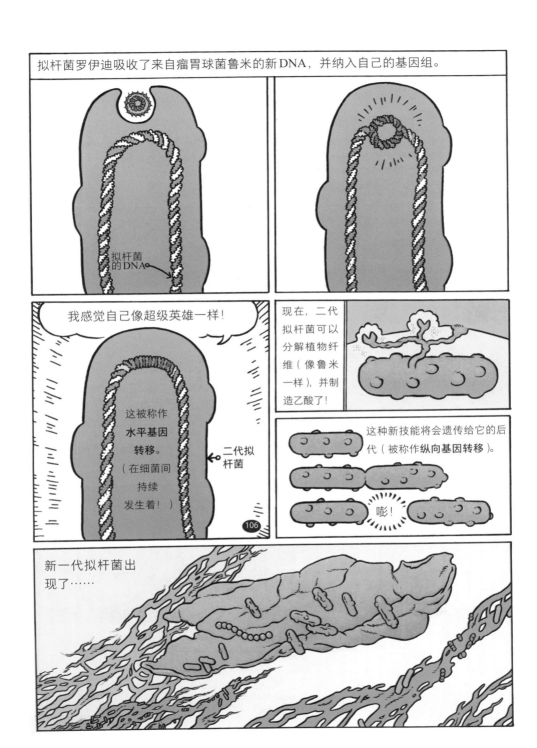

拟杆菌罗伊迪吸收了来自瘤胃球菌鲁米的新DNA，并纳入自己的基因组。

拟杆菌
的DNA

我感觉自己像超级英雄一样！

这被称作
**水平基因
转移**。

（在细菌间
持续
发生着！）

二代拟
杆菌

106

现在，二代
拟杆菌可以
分解植物纤
维（像鲁米
一样），并制
造乙酸了！

这种新技能将会遗传给它的后
代（被称作**纵向基因转移**）。

嘭！

新一代拟杆菌出
现了……

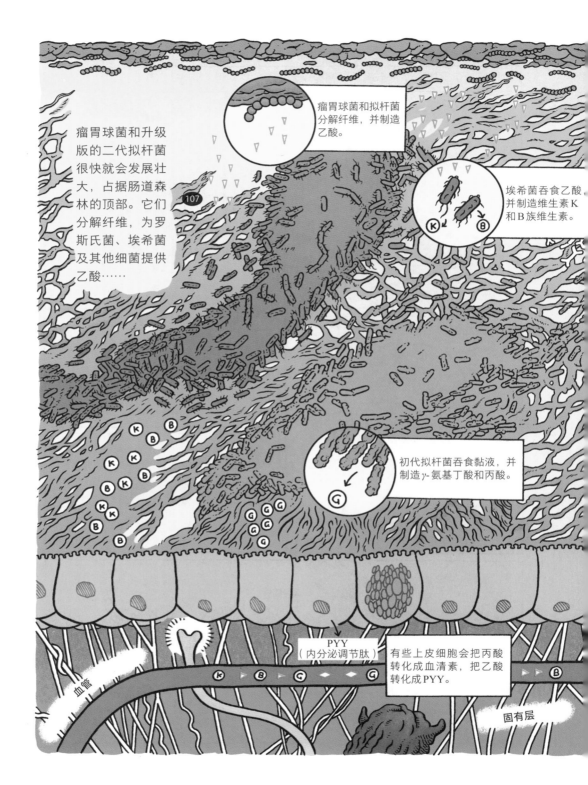

瘤胃球菌和升级版的二代拟杆菌很快就会发展壮大，占据肠道森林的顶部。它们分解纤维，为罗斯氏菌、埃希菌及其他细菌提供乙酸……

瘤胃球菌和拟杆菌分解纤维，并制造乙酸。

埃希菌吞食乙酸并制造维生素K和B族维生素。

初代拟杆菌吞食黏液，并制造γ-氨基丁酸和丙酸。

PYY
（内分泌调节肽）

有些上皮细胞会把丙酸转化成血清素，把乙酸转化成PYY。

血管

固有层

122

但是，甜蜜的HMO变少了，一直以来正是这种养分支撑着双歧杆菌……

我们怎么办？

啊！我们的美食出什么事了？

双歧杆菌仍然会定期得到供应……

但随着时间推移，乳汁一天比一天少了。

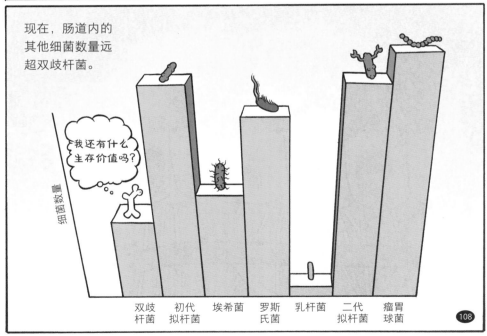

现在，肠道内的其他细菌数量远超双歧杆菌。

我还有什么生存价值吗？

细菌数量

双歧杆菌　初代拟杆菌　埃希菌　罗斯氏菌　乳杆菌　二代拟杆菌　瘤胃球菌

108

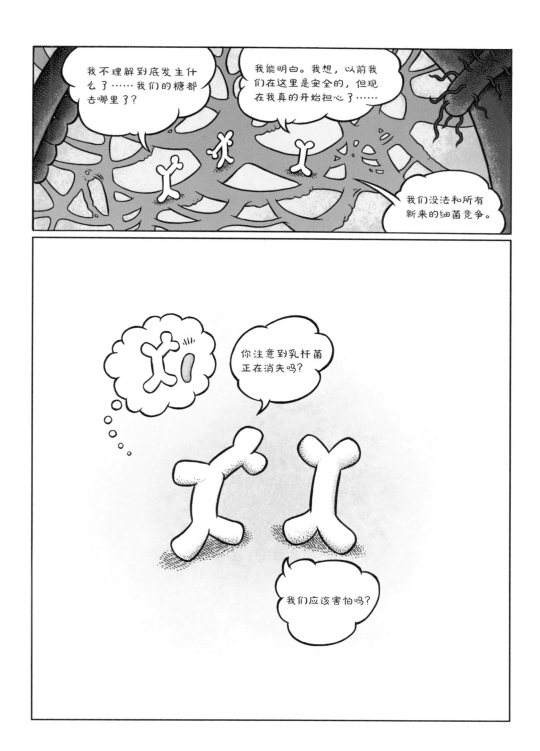

125

第 10 章

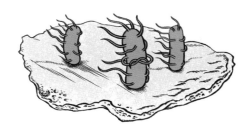

大战沙门菌

一块煮得不够熟的鸡肉把沙门菌带到了婴儿西米的肠道，给西米和她的微生物组都造成了凶险的威胁。比菲和其他细菌一起，加入了由西米体内免疫细胞组成的大军，在多处战场上抵御入侵的沙门菌。沙门菌能被它们击败吗？

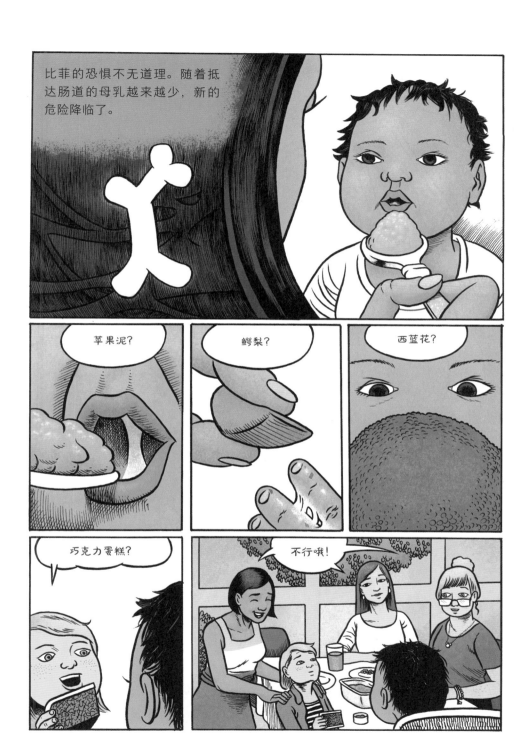

比菲的恐惧不无道理。随着抵达肠道的母乳越来越少，新的危险降临了。

苹果泥?

鳄梨?

西蓝花?

巧克力蛋糕?

不行哦!

鸡肉怎么样?

她之前尝试过鸡肉吗?

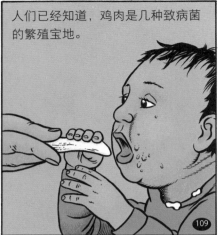

人们已经知道,鸡肉是几种致病菌的繁殖宝地。

109

嗝!

你可能认出了我们在第 2 章遇到过的坏家伙……

这是西米肠道中新的入侵者……

沙门菌!

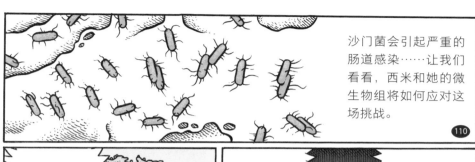

沙门菌会引起严重的肠道感染……让我们看看，西米和她的微生物组将如何应对这场挑战。

110

突袭！

这声音听起来很耳熟……哦，不！

我们来了，你们阻止不了我们！

现在我们只有几百个，但过不了多久，就会多达数百万！

攻击！

所有人！拦住它们！

一大群沙门菌来到比菲所在的菌落。

攻击！

这是我们的地盘！

附近有两个鬼鬼祟祟的沙门菌开始在黏液里挖地道。

快，趁还没有人发现！

沙门菌攻击策略之一：
进入上皮细胞（不要被发现）。

111

与此同时……

别让它们扩散！

这是我们的家园！

忽略那些让你恐惧和悲伤的东西吧！

微生物组防御策略之一：
把坏家伙们（像沙门菌这样的病原体）挤出去！

112

细胞防御策略
之三：
制造阳离子抗
菌肽。

115

上皮细胞可以制造抗菌
肽（抗生素），用于保护
自身免受像沙门菌这样
的致病菌伤害。

2 纳米

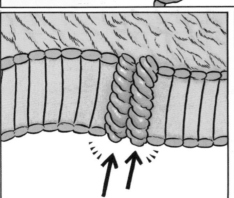

这些肽会聚集在一起，就像枪管一样，
穿透沙门菌的细胞膜。

这会导致沙门菌的
"内脏"爆裂流出！

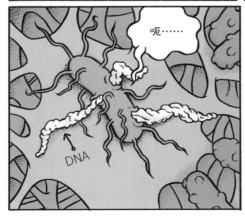

呃……

DNA

哦，不！

穿上盔甲！

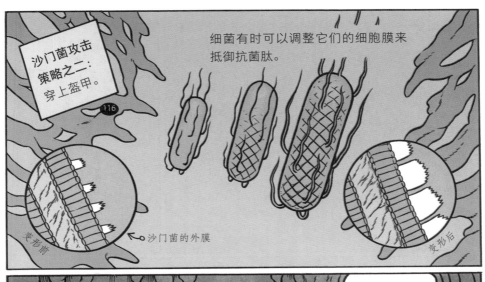

沙门菌攻击策略之二：穿上盔甲。

116

细菌有时可以调整它们的细胞膜来抵御抗菌肽。

变形前

←沙门菌的外膜

变形后

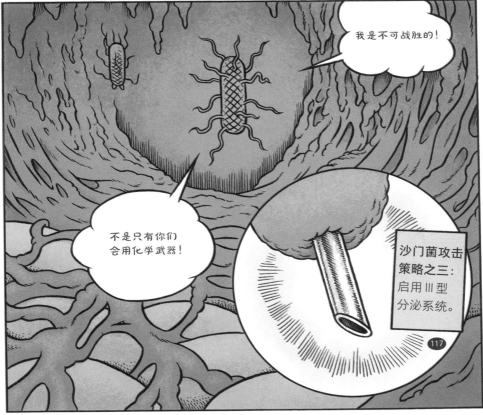

我是不可战胜的！

不是只有你们会用化学武器！

沙门菌攻击策略之三：启用Ⅲ型分泌系统。

117

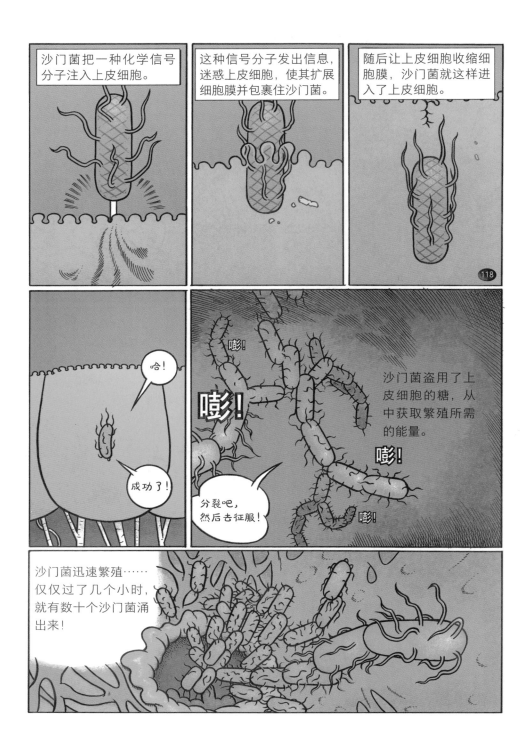

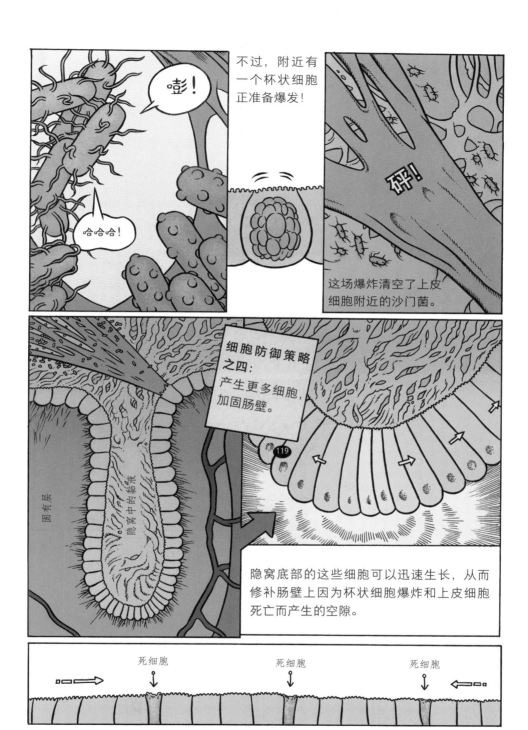

不过，附近有一个杯状细胞正准备爆发！

嘭！

哈哈哈！

砰！

这场爆炸清空了上皮细胞附近的沙门菌。

细胞防御策略之四：
产生更多细胞，加固肠壁。

119

隐窝底部的这些细胞可以迅速生长，从而修补肠壁上因为杯状细胞爆炸和上皮细胞死亡而产生的空隙。

死细胞　死细胞　死细胞

135

当沙门菌穿透黏液时，有很多细菌都胆怯了……

但是，拟杆菌回击了！

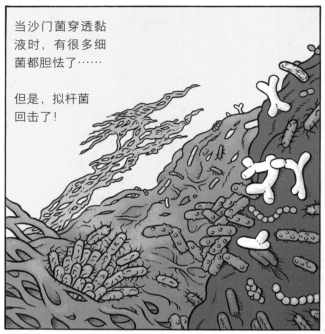

微生物组防御策略之二：启用Ⅵ型分泌系统（T6SS）。

120

咐！

T6SS

拟杆菌向入侵者体内注射了一种名叫核酸酶的毒素。

猛冲！

洛噗！

尝尝毒素的滋味吧，讨厌鬼！

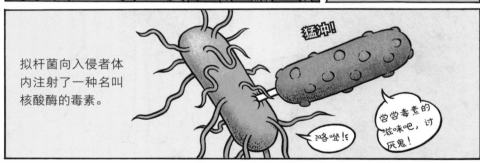

沙门菌的基因组（DNA）

核酸酶（毒素）

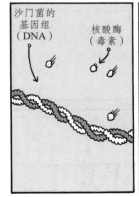

核酸酶附着在DNA上。

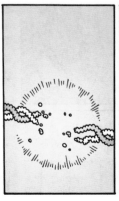

沙门菌的DNA被切成了碎片。

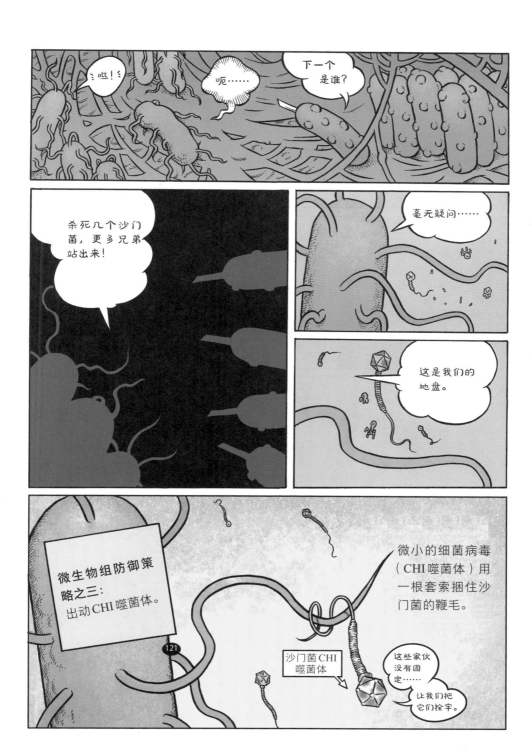

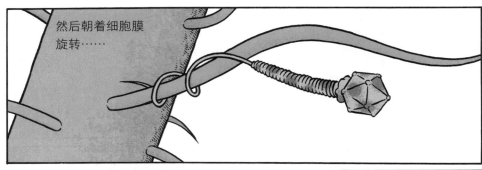

然后朝着细胞膜
旋转……

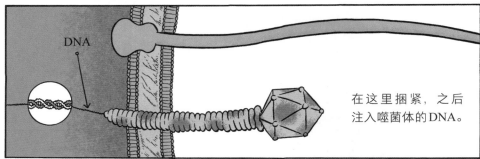

DNA

在这里捆紧，之后
注入噬菌体的DNA。

呃……

感觉有
点儿不
对劲。

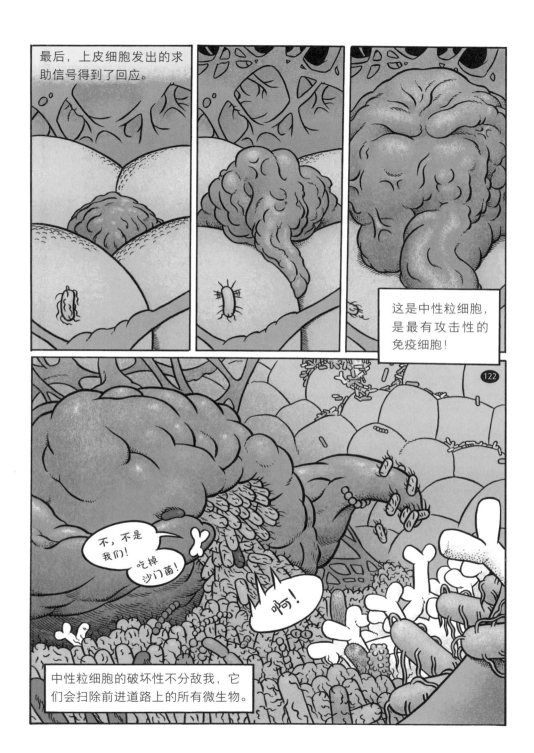

最后，上皮细胞发出的求助信号得到了回应。

这是中性粒细胞，是最有攻击性的免疫细胞！

122

不，不是我们！

吃掉沙门菌！

啊！

中性粒细胞的破坏性不分敌我，它们会扫除前进道路上的所有微生物。

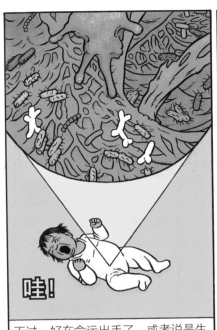

哇!

不过,好在命运出手了,或者说是生物学的功劳,抑或兼而有之……

你想吃奶吗,小家伙?

来吧,亲爱的宝贝……

母乳携带着抗体(免疫球蛋白A)和HMO,来到婴儿的肠道中。

妈妈的防御策略之一:分泌乳汁。

123

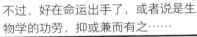

两个小时后……

困住那些杂草……

围住它们……

这些家伙到处都是!

来自母乳的抗体围住入侵的沙门菌,让它们动弹不得。这样一来,沙门菌就陷入了黏液,或者被肠道中的"河流"冲走。

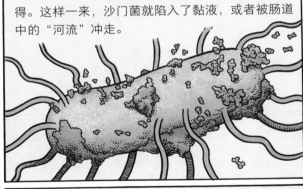

嘿,总算有食物了!

啊!走开!

124

141

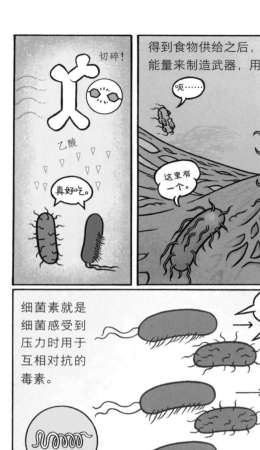

切碎！

乙酸

真好吃。

得到食物供给之后，更多定植在肠道中的细菌有足够的能量来制造武器，用于保卫它们的家园……

呃……

不！坚持住！

呀！

这里有一个。

让我吃了它们！

微生物组防御策略之四：使用细菌素。

125

细菌素就是细菌感受到压力时用于互相对抗的毒素。

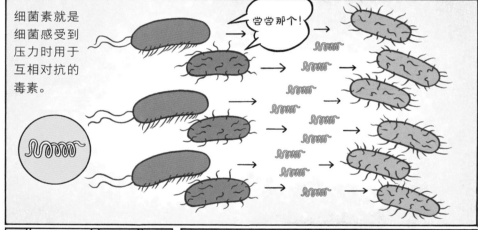

尝尝那个！

救命！我要融化了！

呃……

最后一个沙门菌也被消灭了。

婴儿肠道内的生态系统经受住了第一次真正的考验。

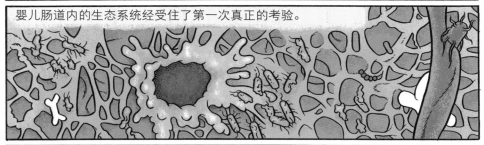

幸运的是，沙门菌只攻击了西米肠道中的极小部分区域，就被许多成员合力清除了。

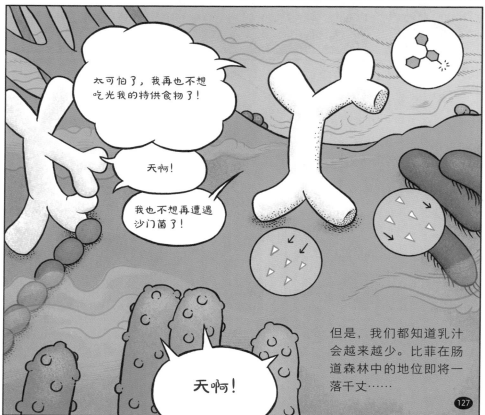

第 11 章

成长

双歧杆菌很饿，数量也不再占据优势。乳汁彻底没有了，西米肠道中的菌群正在适应这种变化。双歧杆菌会怎么做呢？它们能在这里活下去吗，还是说它们又要踏上新的冒险之旅？

慢慢地，渐渐地，肠道菌群在成长……
与此同时，双歧杆菌的数量急剧减少。

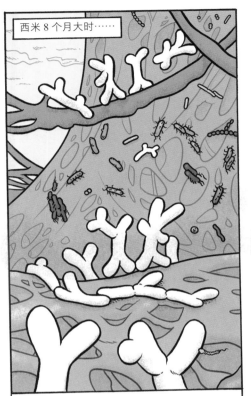

西米 8 个月大时……

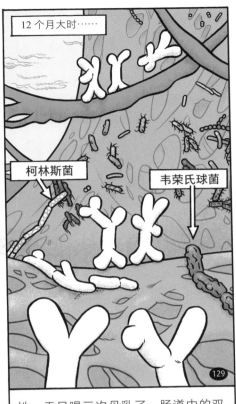

12 个月大时……

柯林斯菌

韦荣氏球菌

129

虽然婴儿西米定期接受母乳喂养，但她也吃下了各种各样的其他食物！新的细菌不断抵达她体内成长中的肠道森林……

128

她一天只喝三次母乳了，肠道中的双歧杆菌越来越少……不过，固体食物给她的肠道菌群带来了许多新成员。

她好像一点儿都不留恋妈妈的乳汁……

所以，现在我们的朋友比菲又过上了省吃俭用的日子……

喂，那是我的黏液线！

现在不是你的了！

我先来的！

你厌倦了这样的生活吗？

让我们出去探险吧！毕竟我们听说过那么多不一样的世界呢。

为什么我们不顺流而下，看看它会带我们去哪里呢？

151

这个勇敢的双歧杆菌最终会去往何处呢？

也许还有各种奇妙的冒险经历在等着它。

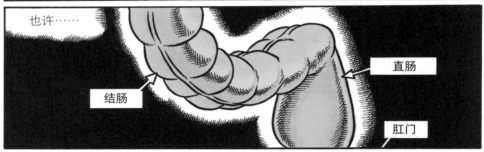

也许……

结肠

直肠

肛门

我才刚转过身……

用鼻子闻闻

你的尿布该换了吗？

噗……

132

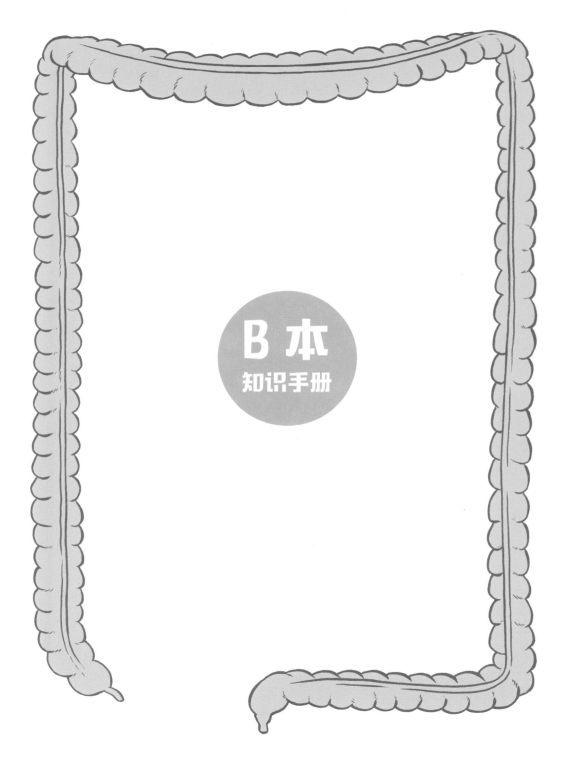

B 本
知识手册

关于人体的简要说明

通常，我们认为人体是器官、肌肉、骨骼和血液的集合。然而，它也可以被理解为一系列相互连接的系统。每个系统都由一套器官和组织组成，它们协同作用，帮助人体完成生存所需的一切重要活动。

吃食物这种在我们看来简单的行为，实际上依赖于人体以下动作的协同进行：

- **肌肉、骨骼**和**中枢神经系统**协同工作，看、拿、咬、嚼并吞咽食物；
- **消化系统**从食物中吸收养分，**泌尿系统**安全地排出废物；
- **循环系统**和**呼吸系统**吸入和运输氧气，帮助我们全身的细胞将养分转化为能量；
- **免疫系统**和**淋巴系统**帮助清除任何可能（随食物）进入我们身体的潜在病原体或毒素；
- **内分泌系统**和**肠神经系统**让我们的大脑知道什么时候该停止进食。

大脑在这些系统的协同过程中起着核心作用，通过控制体温、血液的pH值（氢离子浓度指数）和血糖水平等变量，维持一个稳定的内部环境（被称为稳态）。

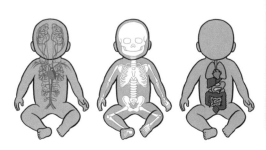

就你的身体而言，属于微生物的东西要多过属于人类的东西。

人体小宇宙：你就是一个生态系统

人体可以被看作一个生态系统，由共存的有机体和物理环境纠缠而成。这些有机体会对彼此做出反应，并共享养分和能量。有些科学家甚至称人体为"行走的旅店"，指人体就像细菌设计出来专门喂养它们的一样。从演化的角度讲，动物和细菌在5亿~6亿年前开始合作，也许当时这种合作发生在蠕虫的肠道里。

宽泛地说，我们可以用"共生"这个词来形容动物（包括人类）与它们体内栖居的微生物（包括病毒、细菌、古菌和真菌）之间的相互依存关系。另外，由于这是一种终生关系，任何一方都能从中受益，这种类型的共生被称为"互利共生"（与寄生相反，在寄生关系中一方受益，而另一方受损）。

在整个生命世界中，通过共生关系生存的有机体数不胜数。尽管竞争和"适者生存"通常被视作驱动演化的最重要力量加以讨论，但物种之间的合作同等重要，这也是本书的主旨之一。

第 1 章 初识"比菲"

问题 1：肠道中有什么？

（见第 5 页）

人体消化系统的绝大部分是一根从口腔延伸到肛门的长长管道。这根长管道最常见的名称是消化道，因为这里就是消化过程发生的地方。有时，它也被称作消化管或胃肠道。我们吞咽的食物沿着消化道（就像一条传送带）一路向下移动，在不同的消化阶段被不同器官分解，直到其中的绝大部分养分都得到了吸收。未被消化的食物与细菌、死细胞一起抵达消化道末端，就成了粪便。

消化道的主体是小肠和大肠。小肠是我们从食物中吸收大部分糖类、脂肪和蛋白质的地方。但是，消化过程的重头戏发生在大肠，也就是通常被称作"结肠"或"肠道"的地方。

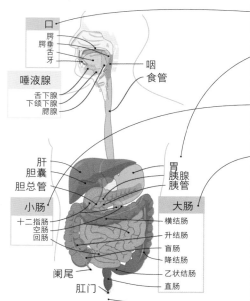

附图 1　人体消化系统示意图

口
　腭
　腭垂
　舌
　牙

咽
食管

唾液腺
　舌下腺
　下颌下腺
　腮腺

肝
胆囊
胆总管

胃
胰腺
胰管

小肠
　十二指肠
　空肠
　回肠

大肠
　横结肠
　升结肠
　盲肠
　降结肠
　乙状结肠
　直肠

阑尾

肛门

> **你知道吗？**
>
> 小肠和大肠是根据其直径区分的，成人的小肠宽 2~3 厘米，大肠宽 4~6 厘米。

> **你知道吗？**
>
> 早在脊椎动物演化出带有脊椎的骨骼、臂和鳍肢之前，我们的祖先还只是简单的管状生物，就像蚯蚓和线虫一样。尽管人类和蠕虫于 5 亿~6 亿年前在演化的道路上分道扬镳，我们仍然能看到两者在身体结构方面的很多相似之处，包括演化出一根容纳微生物的消化道。

消化过程的不同阶段

30 秒：你的牙齿磨碎食物，并让它与唾液混合，以便食物易于吞咽。

1~2 个小时：食物进入你的胃，盐酸和消化酶在这里把食物分解成类似黏稠果汁的东西（并杀死绝大部分微生物）。

1~2 个小时：这种汁液进入小肠，胆汁和胰液帮助分解，小肠吸收了汁液中的大部分糖类、脂肪和蛋白质。

24~72 个小时：剩下的汁液、膳食纤维和固体食物残渣被挤入大肠（肠道），有大量微生物正在那里等候。

这里就是"魔法"出现的地方，细菌将食物的各种成分加以分解，产生一系列影响人体健康状况的化合物，比如维生素。这些化合物中有很多都和水分一起被身体吸收了。

最后，剩下的一切就成了粪便。

问题 2： 为什么我们的肠道中有黏液？

（见第 5 页）

人体的消化道由单层上皮细胞（皮肤细胞）组成，从我们的口腔一路向下通到肛门处。一方面，消化道表面让人体更容易吸收养分。但另一方面，这层薄薄的屏障也让人体在面对随食物抵达的潜在危险微生物和毒素时变得脆弱。况且，我们的消化器官会分泌起消化作用的酸和酶（帮助分解食物），上皮细胞一旦接触到这些酸和酶就会受损。于是，我们的身体产生了黏液，用于包裹和保护消化道表面。

大肠（也被称作结肠或肠道）有两层相互独立的黏液：稠厚的内层黏液和稀薄的外层黏液。内层黏液保护消化管壁不被微生物侵害，而黏稠、交错的外层黏液则为微生物提供了一个理想家园，作为媒介，让人体与栖居在这里的数以万亿计的细菌、古菌和病毒建立起终生的共生关系。这个微小群落产生了种类极为丰富的消化酶，在我们排泄废物（粪便）之前分解坚固的食物颗粒，来满足我们 10% 的每日能量需求。黏液也帮助粪便通过肠道，最终"噗"的一声去往它该去的地方。

你知道吗？

人体的消化道是一根从我们的口腔（入口）不间断地通到肛门（出口）的简单管道。科学地说，这根管道的内侧处于人体之外，让我们的消化道成为人体暴露于外界的最大表面。

附图 2　肠道黏液的扫描电镜照片
来源：史蒂夫·克施迈斯内尔（Science Photo Library）。

什么是黏液？

黏液是为微生物和各种分子提供的一种基体，主要由水组成（占比 95%）。黏液的黏糊糊的结构要归因于一种叫作黏蛋白的分子，而分泌黏蛋白的是一种特殊的上皮细胞——杯状细胞。（杯状细胞得名于其形似杯子的结构。）黏蛋白分子有一根蛋白质主干，碳水化合物（糖类）分枝就是围绕着蛋白质主干排列的。在你体内，黏液基体是有益菌的理想家园。

问题 3： 双歧杆菌是什么？

（见第 6 页）

双歧杆菌属细菌是放射菌家族（放射菌科）的一员。它们的名称"*Bifidobacterium*"是从拉丁语"*bifidus*"衍生而来的，意思是"分裂成两部分"，这反映了双歧杆菌细胞不同寻常的枝状外观。

双歧杆菌属的细菌通常栖居在各种动物的肠道内，宿主从人类到兔子，再到鸟和蜜蜂。科学家相信，早在人类出现之前，这些双歧杆菌就通过"肠道对肠道"的传播方式生存了数百万年。这么多动物之所以与这些肠道细菌相伴而生长达数百万年，主要是因为不同种类的双歧杆菌演化出了分解乳汁中糖类的能力。它们还反哺宿主，产生了广泛的健康益处（比如，制造维生素），帮助培育免疫系统，以及阻止病原菌/致病菌的定植。

双歧杆菌是厌氧菌，这意味着它们只能生活在没有氧气的生境，比如肠道和阴道中。

关于它们的无氧代谢，更多信息可参见问题 43。

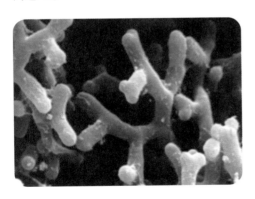

附图 3　双歧杆菌的扫描电镜照片（放大倍数约为 2 万倍）

来源：杰拉尔德·坦诺克，奥塔哥大学名誉教授。

问题 4：生活在我们肠道中的生物有哪些？

（见第 7 页）

故事的主角是细菌，因为它们是人类肠道微生物组最重要的成员。不过，还有许多更微小的病毒生活在肠道中，它们会捕食细菌。本书第 8 章讲到了这些感染细菌的病毒中很重要的一种，你可以在问题 10 和问题 96 找到更多相关的解释。

肠道还包括尺寸更小的其他单细胞生物：

- **古菌**：大小和形状接近细菌，但它们有自己的代谢超能力，比如制造甲烷；
- **真菌**：比细菌大。尽管有些科学家认为它们主要随着我们的食物"漂流"，并不会在大部分的健康肠道中繁荣生长，但是我们经常可以在肠道中发现一些种类的酵母菌，比如酵母菌属和假丝酵母菌属的真菌；
- **原生生物**：许多原生生物（比如阿米巴，又称变形虫）会捕食细菌，不过我们只会在更有害的原生生物（比如贾第虫或者内阿米巴属寄生虫）引起肠道感染时注意到它们。

超过 10 亿人（主要分布在最贫穷的国家和地区）的肠道中还有寄生蠕虫，比如钩虫和鞭虫，这些寄生虫会引发一系列慢性疾病。在人们无法获得清洁饮水或无力负担根除这些寄生虫的医疗费用的地方，这些疾病很常见。

什么是细胞？

细胞是生命的基本单位。所有细胞都具有相同的基本特性：它们摄取营养物，用于产生能量、生长和增殖，以及对刺激做出响应。在任何时候，都会有数万亿个分子匆匆涌入构成你身体的数万亿个细胞，其中半数是水分子。

所有细胞都包含一个由DNA构成的基因组，就像一间图书馆，其中的海量信息主要与如何构建并调控细胞内的蛋白质有关。在真核生物（包括所有植物、动物、真菌和原生生物）的细胞内，由DNA构成的基因组都存储在名叫细胞核的地方，通常被压缩成扭曲折叠程度极高的遗传"包裹"——染色体。不过，细菌和古菌的细胞让它们的基因组自由地漂浮在细胞质（细胞的主要组成部分）中。

问题5：为了看到微生物，你需要使用哪种显微镜？

（见第7页）

微生物的定义十分宽泛，依据就是我们需要用显微镜才能看到它们。绝大多数细菌的长度约为2微米，也就是0.002毫米，相当于一根人类头发宽度的1/100。

为了看到单个细菌，一开始你需要使用一台光学显微镜，并把放大倍数调到1 000倍。即便如此，你能看到的也基本上是成群的微小杆状细菌（杆菌）或球状细菌（球菌）。在实验室里，科学家经常在纯净的培养基上培养细菌，以便清楚地观察到细菌的特征，比如它们如何移动。然而，真实世界是混乱且多样的，这主要是因为细菌和其他微生物喜欢相互黏附在一起，形成黏糊糊、纠结交错的大块网状物——生物膜。

为了在原始生境中观察细菌、病毒和其他微生物，科学家经常会使用更有效的电子显微镜。透射电子显微镜能很好地帮助我们看到细胞的内容物，还能展现样本中分子的排布方式。扫描电子显微镜可以将样本放大到50万倍，让科学家能够看到与病毒尺寸相当的特定细节、纳米微粒和单个原子。

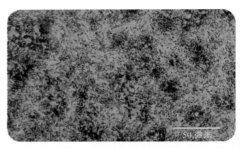

附图4　来自婴儿粪便样本的肠道微生物组的显微照片（用光学显微镜术捕捉）
来源：Colonization by B. infantis EVC001 modulates enteric inflammation in exclusively breastfed infants, Henrick et al, 2019. https://doi.org/10.1038/s41390-019-0533-2（CC-BY-4.0）。

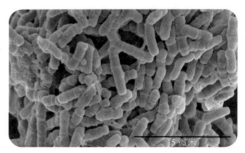

附图5　来自婴儿粪便样本的肠道微生物组的显微照片（用扫描电子显微镜术捕捉）
来源：Colonization by B. infantis EVC001 modulates enteric inflammation in exclusively breastfed infants, Henrick et al, 2019. https://doi.org/10.1038/s41390-019-0533-2（CC-BY-4.0）。

问题6：细菌真的会彼此交谈吗？它们有没有地域性？

（见第9页）

如果你像大多数细菌一样只有1~2微米那么大，世界就会变得更大更危险。

为了保证安全并实现一些壮举，细菌通常附着在各种表面或者互相黏附，它们生活在一个"人口"数量极多的多细胞微观大都市——科学家称之为生物膜。

细菌与人和其他动物不同，不能用语言、标志或声音互相沟通；但它们有一种由信号分子组成的丰富"语言"（也被称作化学通信），这种交流方式很像植物和真菌之间的沟通。不过，我们真正尝试过倾听它们的语言吗？

微生物共享的最重要的化学信号很可能是"走开"之类的抗菌信号。因为绝大多数微生物擅长共享它们的废物（代谢终产物），有时甚至会共享DNA碎片，所以它们极具地域性，特别是当它们接近可靠的食物或能量来源时。科学家对这些抗菌信号尤其感兴趣，因为这类高浓度的分子（我们称之为抗生素）可以杀死其他细菌。有些科学家认为，抗生素的分泌并非意在杀死其他微生物，而是为自己的家族和亲属在生物膜中争取更多的进食和生长空间。

细菌还会共享一种友好的化学信息，这有助于互相识别和交流，就像植物和社会性昆虫用信息素和邻近的亲友交流那样。许多细菌会借助一种叫作群体感应的过程，互相协调行为（就好像它们是一个更大的多细胞生物一样），做出关于何时去留、何时防守或进攻等的集体决定。在本书的故事中，我们通常会以一两个细菌的口吻展开对话，但事实上细菌通常是集体思考、做决定并合作完成任务的。

细菌有颜色吗？

在纯净培养基上培养时，许多细菌能产生有色色素。不过，当你用一台光学显微镜观察时，细菌通常只是透明的小泡。为了帮助区分本书故事中的角色，我们选择给不同种类的细菌涂上不同的颜色。

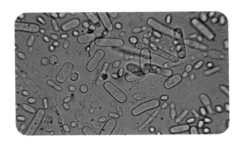

附图6　光学显微镜下的细菌

问题7：什么是酶？

（见第9页）

蛋白质主要有三类：结构蛋白质、信号蛋白质和反应蛋白质（也被称作酶）。酶帮助加速化学反应，而且它不会在化学反应中被消耗。

你（以及地球上的每个生物）体内的绝大部分化学反应都由酶促成。酶能促成的活动范围很广，包括：切碎分子或让它们结合，在分子间传递原子或电子；通过细胞膜泵送营养物；等等。

酶是如何发挥作用的？

在分子的世界里，形状举足轻重。包括酶在内的所有蛋白质都是复杂的三维"拼图块"。它们的分子构型决定了它们能帮助构建哪些结构，能携带何种信息，以及能与其他蛋白质如何相互作用。酶的形状决定了它能与哪些分子互相作用，就像钥匙的形状决定了它能开哪把锁一样。这个学科分支是生物学和化学的交叉学科，被称为生物化学。

附图7　一个淀粉酶（蓝色）切断糖链（黄色）的数字模拟图（放大倍数约为100万倍）

来源：蛋白质结构数据库（Protein Data Bank），CC BY 4.0。

问题8：双歧杆菌是怎样从黏液线上把糖切下来的？

（见第9页）

就人类的消化过程而言，酶发挥的最重要的作用就是帮助细胞把我们摄入的食物分解成营养物分子，以便吸收。许多肠道细菌的外膜（外层皮肤）上都有消化酶，双歧杆菌的消化酶能使黏液线上成群的糖和蛋白质基团之间的分子键断裂，从而产生它们可吸收的糖和蛋白质小单元。

所有细菌都能吃黏液吗？

只有少数几种肠道细菌拥有顺着黏液线切断糖链（聚糖）的能力。对大口咀嚼黏液的特定细菌来说，比如拟杆菌和阿克曼菌，黏液就是一种基础的能量来源。尽管绝大多数种类的双歧杆菌也能使这些键断裂，但是它们的酶更适合专门用来切碎许多种乳汁中的枝状糖链上的分子键。

你可以在问题94中找到更多关于拟杆菌的信息，在问题131中找到更多关于阿克曼菌的信息。

问题9：细菌真的有表亲吗？

（见第10页）

没有。不过，通过比较所有细菌、古菌、植物、真菌和动物（包括人类）共有的许多DNA基因，科学家相信地球上所有生命都有一个共同的祖先。他们将这个远古生物命名为露卡（LUCA），它可能生活在30亿~40亿年前。这就意味着，细菌是我们的远房表亲。

问题10：什么是噬菌体？

（见第11页）

噬菌体（bacteriophage/phage）又被称作细菌病毒，是指能够感染细菌的病毒。它的英文名称由两个部分组合而成：一部分来自表示细菌的"bacteria"，另一部分源于希腊语单词"*phogein*"，意为"吃，进食"。这个名称描述了噬菌体吞食细菌的特性。

附图8　一个T4噬菌体（肌尾噬菌体）的数字模拟图

来源：迈克·史密斯。

此外，尽管有些病毒（比如冠状病毒和疱疹病毒）能感染人体细胞，引发严重甚至致命的疾病，但并非所有病毒都对人类有害。事实上，鉴于噬菌体是自然界最成功的捕食细菌者，科学家现在正考虑让这些纳米尺度的"刺客"变得对人类最为有益。

问题 11：所有这些微生物会做什么？

（见第 11 页）

微生物栖居在人体与外部接触的每个表面上，以及身体的每个孔穴中。人体为微生物提供了多种多样的"地形"景观，还有丰富的资源和空间，以便它们定居并繁衍生息。这些微生物沿着你的眼睛、耳朵、鼻子、脚趾、肚脐和腋窝的外轮廓，以及阴道、嘴巴（口）、肺和肠道的内表面，构建起生态系统。从它们的视角看，你前臂的皮肤像一片干旱的沙漠，你湿润的腋窝就像一片沼泽，你的眼睛是清澈的大湖，而你的嘴巴是一个滴水的潮湿洞穴。

生活在我们肠道中的微生物通常被不恰当地称为"gut flora"（肠道菌丛），事实上"flora"（丛）这个词指的是植物。由于我们的肠道微生物和植物毫无关系，科学家更倾向于使用"gut biota"（肠道菌群）、"microbiota"（微生物区系）和"gut microbiome"（肠道微生物组）等含有"bio"（泛指生命）的术语。我们在本书的故事中将肠道微生物组称为"森林"，是因为这有助于我们将肠道理解成像雨林一样密集、多样化的生态系统。

什么是微生物组？

微生物（microbe，是 microorganism 的缩写形式）：一类非常小的生物，只能在显微镜下观察到。

微生物组（microbiome = microbe + biome）：一个微生物组包括所有生活在特定环境中的微生物，还有它们的遗传物质。科学家已经描述了来自各种类型的土壤和空气的微生物组，来自河流、湖泊和海洋的不同部分的微生物组，以及来自全球数千种不同动植物的微生物组。人的嘴巴中的微生物组和皮肤、阴道、胃、肺、肠道处的微生物组大不相同。因此，我们需要将肠道微生物组和来自皮肤表面或嘴巴中的微生物组分开进行讨论。

所有生物都需要获得能量和营养供应，才能生长、繁殖。有些微生物可以利用光（如光合作用）、空气（如固氮作用）或岩石中的矿物和金属来产生能量和/或营养物。不过，我们的肠道微生物必须分解和吸收肠道中的有机（碳基）分子，才能获取生存所需的所有能量和营养物。肠道中能量和营养物的两大来源是我们吃下的食物和肠壁的黏液线分枝。

关系之网

肠道中的众多微生物与植物、动物和真菌类似（植物、动物和真菌通常分别被称为生产者、消费者和分解者），需要通过在区域生态系统中组建动态食物网，依靠复杂的喂养关系活下去。

尽管许多微生物看起来很像，但它们在

行为方面千差万别。有些微生物有基本的新陈代谢机制，而其他微生物具有复杂的消化能力。有些微生物慷慨地分享营养物，而另一些微生物更愿意从别的生物那里偷取营养物。在像肠道这样丰富多样的微生物环境中，许多微生物以其他微生物的代谢废物为食（这叫作交互喂养网络，你将在后文中了解到更多信息）。

一片生物多样性丰富的雨林由许多种不同的植物、动物和真菌组成，肠道微生物组同样需要许多种微生物参与才能很好地运转。就你的微生物组而言，并不存在具体哪种单独的微生物最好的说法。科学家认为，你的肠道生物多样性越丰富，你就越有可能保持健康。如果某种类型的微生物开始占据主导地位，其他微生物（有时候还有免疫细胞）就会合力重建平衡。

培养免疫系统，并让它保持平衡

制造必需的维生素和氨基酸

排挤有害菌

提供 10% 的人体所需能量

调节我们的食欲、体重和情绪

帮助我们吸收铁等人体必需的矿物质

附图 9　人体肠道细菌从各个方面帮助我们

问题 12：细菌怎么移动？
（见第 12 页）

有些细菌不能自主移动（无运动性），不过许多细菌已经演化出主动移动的能力（运动性）。这使得细菌能够游向食物或者躲避捕食者。

细菌最常见的移动模式是依靠一条或多条尾巴（鞭毛）实现的。细菌转动鞭毛，就像螺旋桨一样推动它们在液体中前进。其他类型的移动还包括滑移、冲浪、群游和抽搐。

双歧杆菌是无运动性的细菌。因此，在本书的故事中，菲多要去探险，就得松开黏液，随穿过肠道的水流漂泊。

你知道吗？

大肠埃希菌能以每秒 100 体长的速度行进，这是借助鞭毛实现的。考虑到它们的体形，这个速度甚至比猎豹还快。

问题 13：细菌怎么繁殖？
（见第 12 页）

所有生物都需要创造后代，这样它们的物种才能够延续。绝大多数的植物和动物都要通过交配来交换基因，并产生具有新的遗传多样性的后代，但细菌不是这样的。细菌通过一种细胞分裂过程（二分裂或出芽生殖）来繁殖，在此过程中一个母细胞对半分裂，创造出两个子细胞。

细菌的繁殖速度真的很快。当条件适宜时，一个细菌可以每小时就分裂一次，产生两个子细胞。在完美的实验室条件下，像大肠埃希菌这样的快速繁殖者每 20 分钟数量就可以翻一番。不过，在肠道中，这些细菌只能每天分裂一两次。

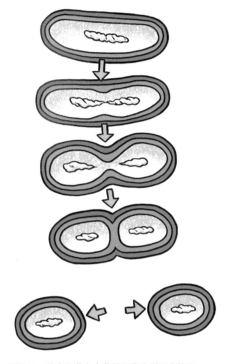

附图 10　许多细菌和古菌的细胞分裂示意简图

你知道吗？

绝大多数微生物都会通过互换和共享基因来产生新的遗传多样性，这叫作水平基因转移。想要了解更多关于水平基因转移的信息，你可以参见问题 106。

问题 14：孕酮是怎样激发细菌增殖的？

（见第 13 页）

孕酮有时也被称作孕激素，因为它在胎儿的发育过程中扮演多种角色，在母亲的乳房发育过程中也起到了重要作用。科学家指出，孕妇血流中的孕酮水平非常高，可以激发双歧杆菌的快速增殖，这可能是因为这些细菌能将孕酮用作能量来源。

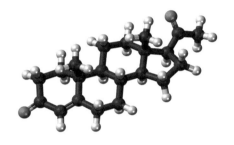

附图 11　孕酮分子的球棍模型

第 2 章　在肠道森林的地底

问题 15：什么是"地底"？

（见第 16 页）

　　尽管我们的小肠在身体深处延伸，但小肠内部的空间（肠腔）从技术上讲其实位于人体外部。从细菌和其他在肠腔中生活的微生物的角度看，在肠壁之下发生的任何事情都是"地底"世界的事情。

　　我们的肠壁有两大功能：把营养物和水吸收进体内，而让微生物留在体外。绝大多数微生物不会尝试突破肠壁屏障，不过有些细菌（比如沙门菌）会试图溜进我们的防线内，引发感染。

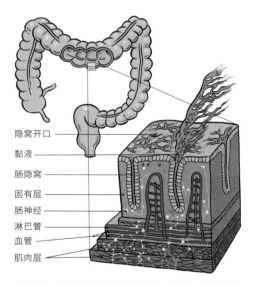

附图 12　大肠外壁由数层肌肉包裹；内壁上分布着许多能吸收水分的隐窝，它们由产生黏液的杯状细胞排列而成

标注：
隐窝开口
黏液
肠隐窝
固有层
肠神经
淋巴管
血管
肌肉层

问题 16：什么是沙门菌？

（见第 16 页）

　　沙门菌是指沙门菌属的细菌，属于假单胞菌门（曾被称作变形菌门）。如果这些可能致命的细菌来到动物（包括人类）的消化道中，它们就会引发持续数天的腹泻、发热、呕吐和痛性痉挛。绝大多数沙门菌感染都是由被人类或其他动物的粪便污染的鸡肉或猪肉导致的。

　　一旦沙门菌有了立足点，在我们的肠道中引发感染，人体就会做出应答，分泌大量黏液来帮助产生多次稀便（我们称之为腹泻）。不过，在有些沙门菌感染病例中，沙门菌能进入淋巴和血液循环系统，导致严重得多的伤寒。此时，来自沙门菌的毒素可能使人陷入休克状态，甚至死亡。

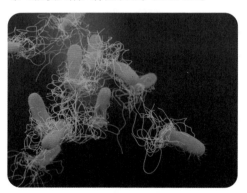

附图 13　沙门菌的数字模拟图
来源：美国疾病控制与预防中心（CDC）。

问题 17：为什么沙门菌乐意被带到地底去？

（见第 16 页）

　　沙门菌被认为是细胞内病原体，也就是说它们在宿主细胞内繁殖（这一点很像

168

病毒）。不同类型的沙门菌在动物体内有着不同的目标，并引起不同的症状。但是，所有类型的沙门菌都必须穿越由肠壁细胞创建的屏障，进入"地底"。沙门菌的策略之一就是利用被树突状细胞（"护林人"）作为样本带到地底下的过程，穿透肠壁屏障。

问题 18： 上皮细胞和微绒毛是什么？

（见第 17 页）

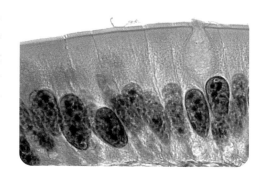

附图 14　肠壁切面的上皮细胞（箭头处是微绒毛）
来源：Berkshire Community College Bioscience Image Library（CC BY 4.0）。

所有动物（包括人类）的身体都主要由 4 种类型的组织构成：结缔组织、肌肉组织、神经组织和上皮组织。我们的上皮组织由一层或多层上皮细胞构成，包裹在各个器官的表面，包括皮肤和柔软的器官、气道、生殖道及消化道的内外表面。

上皮细胞的主要功能包括：

- **保护**下层组织不受毒素、病原体侵染，抵御物理伤害；
- **调控**化学物质的交换，帮助吸收营养物和水；
- **分泌**激素、黏液、酶等。

你的消化道内表面覆盖着单层柱状上皮细胞，它们彼此挨得紧紧的。这些细胞沿着你的消化道执行不同的任务，具体取决于其位置和特性。人体肠道中最常见类型的上皮细胞是肠上皮细胞，它的特性是吸收营养物。肠上皮细胞的上表面遍布微小的手指状突起，叫作微绒毛。微绒毛极大程度地扩展了肠上皮细胞的表面积，便于其从食物中吸收营养物。

在肠道的肠上皮细胞之间，主要散布着3 种类型的上皮细胞：杯状细胞（分泌黏液）、帕内特细胞（制造抗菌分子）和肠内分泌细胞（消化系统和神经系统之间的信使）。

上皮细胞之间的连接处被蛋白质紧密地连接在一起，帮助阻止任何不受欢迎的微生物溜进我们的身体并造成伤害。如果这些紧密连接处被分解了，慢性炎症就会出现，并引起一系列并发症，比如肠易激综合征（IBS）。

你可以在问题 92 中了解更多关于杯状细胞的信息，在问题 62 和问题 99 中了解更多关于肠内分泌细胞的信息。

问题 19： 在这个放大的视图中，正在发生什么？

（见第 17 页）

这张图片展示了免疫系统的早期报警系统，叫作Toll样受体（TLR）。肠上皮细胞表面的一些受体已经演化出了识别肠道微生物中常见分子模式的能力。这些受体就像早期报警系统一样发挥作用。一旦它们探测到微生物，Toll样受体就会激发趋化因子这种化学信号的释放，从而吸引附近的免疫细胞（比如树突状细胞，本书故事中的"护林人"）来到可能存在感染的地方。

什么是受体？

受体是细胞表面的特殊蛋白质，专门识别特定的目标分子。就像你的鼻子演化出探测不同种类气味分子的能力一样，细胞表面覆盖着数百万个类似的感知结构。当一个目标分子与其受体结合时，通常会激发细胞内部的某个事件，然后引发一系列不同的行为。

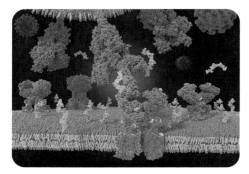

附图 15　一个病原体（红色）的表面蛋白与一个人体细胞受体（蓝色）结合的数字模拟图
来源：胡安·格特纳（Adobe Stock photos）。

问题 20：趋化因子是什么？

（见第 17 页）

我们全身的细胞一直在互相交流。尽管细胞无法（用一种我们可以辨别的方式）看到或听到彼此，但它们确实有一种感知不同分子的超能力，这很像我们的嗅觉。我们全身的细胞通常共用一类叫作细胞因子的小型蛋白质分子，以此进行互相交流并共享信息。

一旦遭遇感染、炎症或物理创伤的挑战，许多细胞（包括上皮细胞）就会释放细胞因子，向免疫细胞发出信号。这些信号分子大喊道："喂！我的指缝儿里有个小东西！"或者大叫道："危险！这里有一个可能有害的微生物。"

趋化因子（趋化性细胞因子的简称）就是一类细胞因子。这些分子会诱导趋化作用，让特定的免疫细胞"循着气味"向发出信号的潜在威胁处移动。

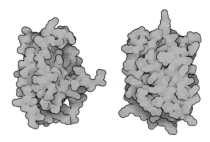

附图 16　两种细胞因子形状的示意图
来源：戴维·S. 古德塞尔（CC BY 4.0）PDB–101。

免疫系统简介

健康的身体需要恒定的条件，比如稳定的体温、体液液位、pH值、血糖水平（以及更多指标）。这种平衡的内部状态被称为（体内）稳态，人体努力工作来维持它。只有这样我们的细胞、组织和器官才能正常工作，我们才能存活。

我们都很熟悉身体的许多免疫应答行为，比如割伤部位红肿，或者在感染后腺体变得肿胀。但是在体表之下，免疫细胞（也被称作白细胞）以复杂的化学信号级联反应为中心蜂拥而来，编排了非常丰富的"舞蹈"，目的是对抗潜在的威胁并重建体内平衡。

每天人体都会面临一系列挑战，包括外来物（比如尖利的碎片）、行为失常的突变细胞（可能致癌），以及多种多样的细菌和病毒。人体免疫系统是一个由各种分子、细胞、血管和器官组成的复杂网络，它的运转能保护我们免受上述威胁。所有生物体都有一个免疫系统，就连像细菌这样的单细胞微生物也有一个简单的免疫系统，其功能包括保护细胞免受噬菌体（吞食细菌的病毒）感染，或者阻止来自毒素的化学攻击。

人体免疫系统的绝大部分（约80%）位于我们的肠道。这是讲得通的，因为人体内的40万亿个细菌中有99%生活在肠道里的黏液"森林"中。尽管这些细菌中有一些很乐意生活在这片黏糊糊的森林里，但也有一些细菌（尤其是那些有害菌，比如沙门菌）一直试图穿透肠上皮细胞屏障，然后对人体造成伤害。

哺乳动物的免疫系统有两个主要分支：先天性免疫系统和适应性（获得性）免疫系统。就像它们的名字提示的那样，先天性免疫系统是我们生来就有的免疫力，在数秒内即可准备好出击。作为人体免疫的首道防线，它总是在研究和审查微生物（比如本书故事中的沙门菌和双歧杆菌），并启动确定这些微生物对我们是否友好的流程。

许多隶属于先天性免疫系统的细胞被称为吞噬细胞，比如中性粒细胞、巨噬细胞和树突状细胞。这些种类的细胞会进行一种叫作吞噬作用的生理过程：包裹、吞咽和撕碎外来物或细胞，以此帮助人体免疫系统搞清楚这些东西到底是什么（或者只是消除它们）。根据这些对象的特性（比如，是朋友还是敌人，是细菌还是病毒），吞噬细胞会释放不同的信号，帮助其他免疫细胞作出更有针对性的免疫应答。

淋巴细胞

B细胞　　　　T细胞　　　自然杀伤细胞

单核细胞

树突状细胞　　巨噬细胞

粒细胞

中性粒细胞　嗜碱性粒细胞　嗜酸性粒细胞

附图17　3种主要类型的免疫细胞（白细胞）：淋巴细胞（B细胞、T细胞和自然杀伤细胞），单核细胞（树突状细胞和巨噬细胞），粒细胞（中性粒细胞、嗜碱性粒细胞和嗜酸性粒细胞）

进入人体内的绝大多数病原微生物都会被先天性免疫系统杀死，而你并不会意识到这个过程。但是，如果先天性免疫系统没有成功地解决一群病原体，隶属于适应性免疫系统的T细胞和B细胞就会受到召唤，来帮助消灭入侵者（通常是通过制造抗体的方式）。我们的免疫系统一开始就像一块白板，随着我们长大，它在遇到并记住不同微生物的过程中，变得越来越强有力且精准有效。幸运的是，我们不再需要通过感染绝大多数致命微生物来提升免疫力了，因为疫苗可以帮助我们快速推进这个学习过程。

问题 21："护林人"是谁？

（见第 17 页）

免疫系统从不休息。它持续地与大量的各种微生物相互作用，从双歧杆菌"比菲"这类友好的（共生）细菌到沙门菌这类致病菌。让事情变得更复杂的是，有些细菌可以从绝大多数情况下的友好状态切换成致病状态，尤其是当它们所处的环境发生改变的时候。这时，树突状细胞（或者说"护林人"）就该出场了。

树突状细胞（比如"邓德利"）也被称作抗原呈递细胞。它们的主要职责是从肠道内采集样本并处理抗原物质（邓德利称之为标本），然后把这些抗原展示在它们的细胞膜表面，给它们的"经理"T细胞看。通过这种方式，它们就像信使一样，不断在先天性免疫系统和适应性免疫系统之间传递新的信息。

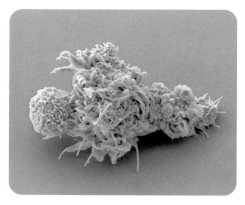

附图 18　一个树突状细胞（蓝色）向一个T细胞（黄色）展示抗原的扫描电镜照片

来源：巴斯德研究所的奥利维尔·施瓦茨博士（Science Photo Library）。

问题 22：肠道中所有这些管道和细胞是干什么用的？

（见第 19 页）

组成肠壁的上皮细胞之下的区域被称作固有层。这是薄薄一层松散的结缔组织，组成了肠道分泌黏液的内膜的中心区域。这些都被一层平滑肌（也被称作不随意肌）包裹在内，这层肌肉有时会以收缩的方式来帮助内容物移动。

固有层富含血管和淋巴管，这些管道把营养物和免疫细胞运输到肠道处。血管负责运输红细胞，红细胞携带着氧气和葡萄糖，供应给该区域周围的上皮细胞。红细胞也携带着二氧化碳这种废物。我们可以把这些过程比作不同的管道将清洁的淡水输送到各个家庭和建筑物，同时将废水从那些地方运走。

围绕肠道的固有层区域还有数量可观的白细胞（免疫细胞）。据科学家估计，人体内约有 80% 的免疫细胞生活在这个区域。除了穿过肠壁去采集样本的树突状细胞，还有大量的T细胞和B细胞（它们集结成簇，形成次级淋巴滤泡），以及在细胞内巡查入侵者的巨噬细胞。

你知道吗？

从严格的学术意义上讲，血液的颜色总是红色的，不过在没有氧气的情况下，光的反射会让通向我们心脏和肺部的静脉的颜色看起来略微偏蓝。

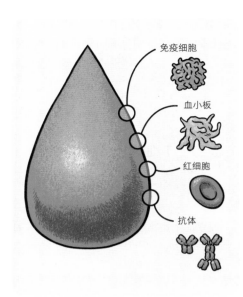

免疫细胞

血小板

红细胞

抗体

附图 19　你的每滴血中都混杂着免疫细胞、红细胞和抗体

问题 23：什么是抗原？

（见第 20 页）

我们的免疫系统借助抗原来做出许多决定。科学家把抗原定义为能与抗体或 T 细胞受体结合，从而引发免疫应答的外来分子（比如细菌的蛋白质或 DNA）或微粒（比如花粉粒或灰尘）。我们的身体一直暴露在极为多样的病原体面前，这些病原体来自食物或微生物（尤其是你肠道中的微生物）。因此，随着我们长大，人体免疫细胞中有许多学会了识别并记住这些抗原。

尽管许多细胞可以收集并呈递抗原，但树突状细胞（本书故事中的"邓德利"或"护林人"）被认为是最重要的抗原呈递细胞，而且对帮助全身的 T 细胞（"经理"）发展出有效的免疫应答来说至关重要。

问题 24：邓德利是怎么消化沙门菌的？

（见第 20 页）

树突状细胞和巨噬细胞、中性粒细胞，经常被统称为吞噬细胞。这些不同种类的免疫细胞都会进行被称作吞噬作用的过程：一个细胞用它的细胞膜去环绕一个比它小的微粒。这个微粒随后会被吞下，进入一个叫作吞噬体的内部结构。在这里，微粒被自由基和酶的混合物分解成碎片。不过，与巨噬细胞和中性粒细胞不同（这二者会借助吞噬作用简单地杀死不受欢迎的微生物），树突状细胞的主要工作是收集抗原样本，并向它们的"经理"T 细胞展示抗原的相关信息。

问题 25：什么是"经理"？

（见第 21 页）

免疫系统最重要的任务之一，就是判定一个微生物是无害的还是危险的。树突状细胞通常会在肠道中取样，然后把样本展示给 T 细胞，而 T 细胞则试图搞清楚这些样本是友好的微生物还是会带来威胁的微生物。

T 细胞（也被称作 T 淋巴细胞）在管理我们的免疫系统对一个新的外来抗原可能产生的威胁作出应答方面，发挥着核心作用。有一系列不同类型的 T 细胞，它们执行着不同的任务，包括：

- **辅助性 T 细胞和细胞毒性 T 细胞**（杀伤性 T 细胞）：识别并调节病原微生物或癌细胞的清除工作，即炎症反应；
- **调节性 T 细胞**：减少（下调）其他免疫细胞的反应（炎症反应）；

- **记忆性T细胞**：存储与早些时候遇到的来自食物、细菌和病毒的抗原有关的长期记忆。

你可以在问题72中深入了解T细胞的发育过程。

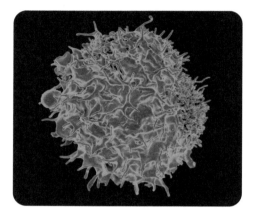

附图20　一个T细胞（青绿色）的扫描电镜照片

问题26：T细胞为什么要杀死邓德利？

（见第22页）

通过不断从肠道内采集新鲜的样本，树突状细胞（比如邓德利）为你的免疫系统提供了常规信息。这些信息主要是关于目前存在哪些微生物，以及它们的数量有多少。

吞咽抗原并向T细胞展示的过程促使树突状细胞成熟，以至于它丧失了采集新样本的能力。因此，一旦一个树突状细胞已经展示了抗原信息，T细胞这个管理者就会释放一种细胞因子，这种信号分子促使树突状细胞经由叫作细胞凋亡的过程自毁。通过这种方式，免疫系统得以调节并删除旧信息，及时更新关于当前情况的信息，并阻止免疫系统过度应答。例如，如果某个展示沙门菌抗原信息的树突状细胞被不同的T细胞检查了几次，人体免疫系统就可能错误地认为肠道中有比实际情况多得多的沙门菌，从而做出过度反应。

问题27：T细胞和B细胞在固有层做了什么？

（见第24页）

肠壁的上皮细胞一直处于各种微生物的入侵威胁之下，其中有些微生物还会造成伤害。因此，位于肠道表层之下的固有层组织是数量庞大的多种不同免疫细胞的家园。例如，当受到激发时，辅助性T细胞会激活免疫反应；这让附近的B细胞变得活跃起来，它们开始分泌免疫球蛋白A（IgA）到肠道中；此外，巨噬细胞和中性粒细胞也会切换到具有攻击性的杀菌模式。

你可以在问题38中了解更多关于巨噬细胞的信息，在问题122中了解更多关于中性粒细胞的信息。

能力越大，责任越大

这种免疫应答会消耗许多能量。此外，针对来自无害的食物微粒或微生物的不受约束的炎症反应，会导致长期的组织损伤，引发炎性肠病（比如克罗恩病和溃疡性结肠炎）。因此，针对无害抗原的不必要的过度反应必须得到控制。

调节性T细胞在固有层与树突状细胞并肩作战，共同调节肠道，实现稳定的平衡状态。它们学习如何耐受友好的微生物，同时协助辅助性T细胞攻击可能有害的微生物。如果没有这些调节性T细胞和树突状细胞积极地调节稳态平衡，人体免疫系统就会生活在持续的炎症反应状态下，试图攻击和杀死生活在我们肠道内的数万亿个微生物。除了帮助你的免疫系统与肠道微生物和谐共处，调节性T细胞还会帮助阻止自身免疫病（人体细胞攻击自身的疾病）。

附图21　一个淋巴结的切面图

你知道吗？

短链脂肪酸（SCFA）和膳食脂肪（比如胆固醇和ω-3脂肪酸）已被证明能促进抗炎的"调节者"调节性T细胞发育，使其胜过其他类型的T细胞。这表明，富含膳食纤维的饮食能够帮助阻止或减少哮喘、花粉症（俗称枯草热）和类风湿关节炎等自身免疫病。

问题 28：淋巴结是什么？

（见第25页）

你的淋巴结和扁桃体、脾脏、胸腺共同构成了淋巴系统。"淋巴"（lymph）一词来自古罗马的净水之神 Lympha。准确地说，你的淋巴系统的主要功能之一就是帮助排出和过滤来自你全身的血液及其他体液（淋巴），并将它们重新吸收回循环系统。在这个过程中，淋巴系统也协助清除废物，比如死细胞。如果没有它，你的组织就会与体液和碎屑凝结在一起，你也会肿胀得像一个气球！

循环系统通过心脏搏动保持流动，而淋巴系统就不一样了，它的流动依赖于动作（比如肌肉收缩）。这就是科学家认为锻炼能帮助你预防感染的原因之一。

淋巴管就像免疫系统的超级高速公路一样。淋巴结是位于免疫系统中心位置的分类站，是免疫细胞汇集于此来交换信息的枢纽，它们借此识别可能存在的病原体并对抗感染。

每个淋巴结都包含数十亿个被称作淋巴细胞的免疫细胞，包括T（淋巴）细胞和B（淋巴）细胞。从一个微生物或食物分子中采集样本后，许多树突状细胞会在血流中穿行，来到邻近的淋巴结，把它采集到的抗原样本展示给T细胞，可能还会使辅助性T细胞变得活跃。如果辅助性T细胞被活化，它们随即就会协助激活附近的B细胞快速增殖并产生该抗原的匹配抗体，从而消除该抗原可能带来的威胁。

附图22　淋巴结中免疫细胞的扫描电镜照片（放大倍数为1 000倍）

来源：史蒂夫·克施迈斯内尔（Science Photo Library）。

问题 29: 为什么肠道周围有这么多淋巴结?

（见第 25 页）

成年人全身约有 500 个淋巴结。鉴于有 80% 的免疫细胞存在于肠道周围，有这么多淋巴结来容纳它们也就说得通了。但是，在你的腋窝下面和脖子周围也有很多淋巴结。当你的身体对抗感染时，这些淋巴结会因为细胞的迅速增殖而胀痛。

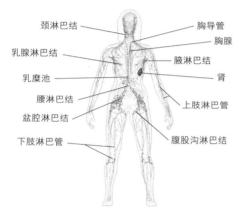

附图 23　人体淋巴系统
来源：Blausen.com staff (2014). "Medical gallery of Blausen Medical 2014".WikiJournal of Medicine 1 (2). DOI:10.15347/wjm/2014.010。

问题 30: 为什么T细胞和树突状细胞会沿着胶原蛋白"绳索"一路前行?

（见第 26 页）

树突状细胞要找到携带的受体与它们的抗原完美契合的T细胞，这个配对过程需要花费几天时间，犹如大海捞针。淋巴结中有一团乱麻般的胶原蛋白纤维网，这可以增加偶然遇见和找到完美搭档的可能性。

问题 31: T细胞怎样用它的受体鉴定出双歧杆菌是朋友?

（见第 28 页）

在免疫系统保护人体免受有害微生物伤害的能力中，最核心的一种就是分辨自体细胞和外来细胞（非自体细胞）。不过，并不是说体内的所有外来细胞都一定会搞破坏，因为人体在喂养肠道中数万亿个友好的微生物的过程中也受益匪浅。

不要杀死你的朋友

所有细胞都会在其表面展示独特的蛋白质模式。T细胞表面的受体可以识别这些蛋白质，并借助它们区分自体细胞和非自体细胞。尽管细菌表面并没有携带标示"自体细胞"身份的蛋白质，但调节性T细胞可以学会识别和耐受许多对人体友好的肠道细菌（比如像"比菲"这样的双歧杆菌），并把它们视作"自体细胞"。这个过程具体是怎么进行的，我们尚不清楚。

你可以在问题 7 中了解更多关于受体形状的信息。

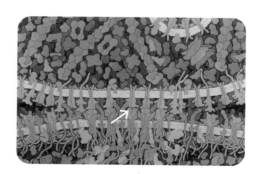

附图 24　一个树突状细胞（绿色）向一个T细胞（蓝色）展示一个抗原（红色）的示意图
来源：戴维·S.古德塞尔（CC BY 4.0）PDB–101。

问题 32：我们需要双歧杆菌做些什么？（剧透警告）

（见第 28 页）

我们需要双歧杆菌协助充实一个新的人类宿主的肠道。尽管科学家仍在努力理解人体内的这一过程，但我们通过在人类和小鼠身上进行的研究了解到，特定细菌可能从一个母亲的肠道被运输到她的乳腺，然后来到一个婴儿的肠道。

我们无法确切地知道这段旅程是什么样的，但可以肯定那是一个精彩的故事。我们（基于已有的科学研究）想象，树突状细胞"邓德利"把双歧杆菌"比菲"从肠道附近的一个淋巴结中带出来，沿着淋巴管来到母亲的乳腺之一，并将比菲安置在那里。比菲可以从这里启程，顺着乳汁进入婴儿的肠道，在那里扮演构建肠道微生物组的重要角色。

邓德利和比菲也有可能沿着循环系统中的血流抵达目的地。这个故事仅展示了这个过程的简单版本，要理解其中的全部机制，还需要微生物学家和免疫学家通力合作。

问题 33：乳腺是什么？

（见第 28 页）

哺乳动物用乳腺来制造乳汁，喂养后代。这些腺体完美地混合了脂肪、蛋白质和碳水化合物（糖类），用以支持婴儿在生命最初两三年里的生长和发育。

每个乳腺的基本组成单位是乳腺泡（中空的室）。每个乳腺泡由数十个分泌乳汁的特殊细胞（乳腺细胞）组成，被一张通过收缩来喷射乳汁的肌上皮细胞（肌肉细胞）

网络包裹着。乳腺泡聚集成团（就像一串串葡萄一样），叫作乳腺叶。每个乳腺叶都有一根输乳管通向乳头。

科学家还在努力地想要搞清楚，像双歧杆菌这样的细菌怎样抵达乳腺，并开启它们去往新生婴儿肠道的旅程。这个故事的灵感来自我们目前掌握的信息，尽管这些知识仍在发生改变且不断增长。

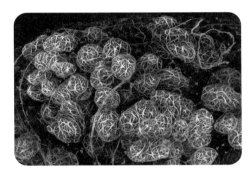

附图 25　人体乳腺中乳腺泡周围的肌上皮细胞（黄色）的扫描电镜照片（经过着色，放大倍数为 63 倍）

来源：凯莱布·道森，澳大利亚墨尔本的沃尔特和伊丽莎·霍尔医学研究所（WEHI）。

第 3 章　神奇母乳和致命危险

问题 34：哺乳这件事儿

（见第 33 页）

人乳是婴儿在生命的头两三年里最理想的食物。乳汁提供了人类生长和发育的最初阶段所需要的全部营养，并帮助保护婴儿免受感染，同时协助婴儿的肠道微生物组和免疫系统发育。母乳喂养是人类的生物学常态。

母乳也为婴儿之后生命过程中的健康奠定了基础，可以减少童年时期的肥胖风险，以及减少哮喘、湿疹、克罗恩病、溃疡性结肠炎、糖尿病等自身免疫病的患病风险。进行母乳喂养的母亲患乳腺癌、子宫癌和产后抑郁症的风险较低，而且母乳喂养过程中释放的激素有助于婴儿出生后母亲的身体恢复过程。

世界卫生组织（WHO）建议在人类生命最初的 6 个月里只进行母乳喂养，在接下来的两年或更长时间里结合母乳喂养和固体食物喂养。一开始进行母乳喂养时，母亲每周喂婴儿吃奶的时间可能长达 36 个小时，这是一份全职工作。你可以想象，这让母乳喂养成了爱的劳动，尤其是对重返职场的母亲来说，不管在家工作还是外出工作都一样。

然而，不能因为母乳喂养是自然过程，就想当然地认为它会自然发生。许多新生儿要努力地学会正确衔乳，许多母亲可能因乳腺发育问题或乳房的解剖结构问题而遭受折磨，以至于她们无法实现纯母乳喂养。其他母亲可能面临令人痛苦的乳腺感染和炎症（乳腺炎），或者因健康问题/服用药物而不能进行母乳喂养。如果没有正确的支持，有些母亲和婴儿可能很难建立良好的母乳喂养关系。实际上，成功实现母乳喂养最大的促成因素是来自伴侣、家庭、工作场所及社会的支持。

一位母亲可能出于许多原因而无法进行母乳喂养，这些原因既可能是生物学方面的，也可能是社会方面的。不管所在社区的母亲和婴儿采用何种喂养方式，我们都可以尽己所能地予以支持。

问题 35：人体如何制造乳汁？

（见第 33 页）

怀孕约 16 周时，孕酮和催乳素这两种激素会刺激孕妇的乳腺上皮细胞分化成能够制造乳汁成分（比如乳糖）的乳腺细胞。婴儿出生后，孕酮水平下降，激发了大量乳汁的分泌。每个由数千个乳腺细胞排列而成的乳腺泡，都能使用脂肪、蛋白质、糖和水等原料（来自母亲的血流和她全身的某些组织，比如钙和磷等矿物质来自母亲的骨骼）去合成乳汁。

问题 36：初乳是什么？

（见第 34 页）

人乳中含有水、糖类、脂肪和蛋白质的混合养分，以及维生素、矿物质、抗体、有益微生物等。不过，这些成分的比例是动态变化的，而且乳汁的分泌情况会随着婴儿不断变化的需求做出适应性调整：在一次哺乳期间（短期的），在一天内（中期的），在婴儿长大的过程中（长期的）。

最初产生的那种乳汁（婴儿出生后 3~4

天内分泌）叫作初乳。[①] 尽管初乳量不多，但是它富含蛋白质，而且含有最早的抗体（免疫球蛋白 A、免疫球蛋白 G 和免疫球蛋白 M）、免疫细胞（比如巨噬细胞）、矿物质和其他具有生物活性的化学物质，这些有助于增强新生儿的免疫系统。

初乳也会开始向新生儿体内引入友好的细菌，包括像"比菲"这样的双歧杆菌，它帮助新生儿制造新的酶，这些酶的功能是开始消化食物并发展免疫系统。为了喂养这些细菌，初乳也会引入比菲最喜欢的食物——一类叫作人乳寡糖（HMO）的复杂糖类的混合物。

问题 37：人乳的成分是什么？

（见第 35 页）

人乳含有很大比例的水分（约 87%），剩下的乳汁成分（约 13%）是养分和对成长中的婴儿起免疫增强作用的组分的动态混合物，包含 50~200 种不同的细菌。

在婴儿出生后约 6 周内，初乳会发育为成熟母乳。这种成熟的乳汁含有低浓度的抗体（起免疫增强作用）和其他抗菌蛋白（比如溶菌酶和乳铁蛋白），同时糖类、脂肪和维生素等养分含量较初乳有所增加，用于帮助婴儿成长。

[①] 不同学科和机构对初乳的定义略有不同，有的将产后一周内分泌的乳汁称作初乳，还有的将妊娠后期乳腺的分泌物也称作初乳。此处定义遵照原书。——译者注

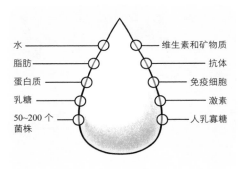

水 —— 维生素和矿物质
脂肪 —— 抗体
蛋白质 —— 免疫细胞
乳糖 —— 激素
50~200 个菌株 —— 人乳寡糖

附图 26　为了满足婴儿的成长需求，母乳的主要成分发生了适应性改变

你知道吗？

乳汁中的主要蛋白质成分（酪蛋白）自行组装成小球，它们由于光线散射而透明发白。

问题 38：巨噬细胞是什么？

（见第 35 页）

人乳含有多种类型的免疫细胞。在母乳喂养的早期阶段，一个婴儿每天可能要消耗多达 100 亿个不同的免疫细胞（白细胞）。

巨噬细胞约占初乳中免疫细胞总数的 1/2，构成了抵御那些不受欢迎的细菌的第一道防线。就像树突状细胞一样，巨噬细胞通过吞噬作用这个过程狼吞虎咽地吞下细菌。它们伸展开触手一般的臂，有力地抓住细菌，将细菌拉进细胞内囫囵吞下。你可以在问题 24 中了解更多关于吞噬作用的信息。

不过，巨噬细胞并不参与免疫系统的学习和记忆过程，这一点与树突状细胞不同。巨噬细胞的主要职责是巡逻并吞食不受欢迎的细胞。

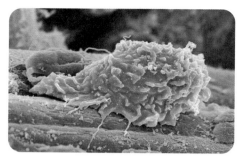

附图27　一个巨噬细胞的扫描电镜照片（经过着色）
来源：史蒂夫·克施迈斯内尔（Science Photo Library）。

问题 39：免疫球蛋白 A 和免疫球蛋白 G 是什么？

（见第 36 页）

免疫球蛋白 A 是一种抗体。抗体（也被称作免疫球蛋白）是由特殊免疫细胞 B 细胞制造的大型 Y 型蛋白质。它们已经演化出了黏附并中和外来物的能力，尤其是对细菌和病毒感染做出应答的能力。这些微型武器有数百万种不同的形状和大小，所以它们可以黏附在所有种类的抗原表面。尽管有些抗体是通过胎盘从母体传送给胎儿的，但母乳提供了最初的抗体来源，用于保护婴儿的肠道免受感染。

人体能制造 5 类抗体：免疫球蛋白 A、免疫球蛋白 D、免疫球蛋白 E、免疫球蛋白 G 和免疫球蛋白 M。人乳中最主要的免疫球蛋白 A 是分泌型免疫球蛋白 A，这种用途广泛的抗体黏附力很强、很稳定，极少引起炎症或组织损伤。它的主要工作是在病原体有机会在体内立足之前中和病原体，保护我们脆弱的消化道壁和其他黏膜表面免受侵扰。

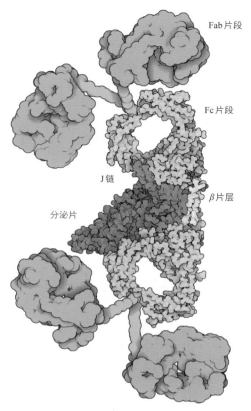

附图28　分泌型免疫球蛋白 A 的示意图
来源：戴维·S. 古德塞尔（CC–BY–4.0）PDB–101。

问题 40：这些不同的糖类是什么？

（见第 36 页）

所有食物都由三类分子组成：脂肪、蛋白质和碳水化合物。人体用这三类分子做不同的事情，这就是保持膳食平衡很重要的原因。脂肪是一种密集的能量来源，在我们的细胞膜、大脑及其他地方发挥着一系列重要的结构功能。蛋白质对所有细胞的生长和修复来说尤为重要。

所有的碳水化合物都含有碳、氢和氧

元素，是人体能量的主要来源。虽然碳水化合物都是由糖构成的，但简单的碳水化合物（比如葡萄糖和蔗糖）通常被称为"糖"，因为它们尝起来很甜。另一大类碳水化合物通常被称为"复杂碳水化合物"，因为这类分子是由三个或更多的单糖分子组成的。

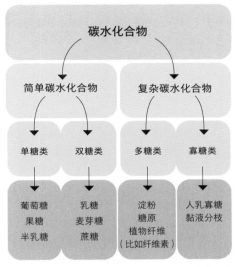

附图29　两类碳水化合物：简单碳水化合物和复杂碳水化合物

作为人体主要能量来源的糖是葡萄糖，事实上，这也是地球上绝大多数生物的选择。然而，人乳中的主要糖类是乳糖（一种由一个葡萄糖分子和一个半乳糖分子结合而成的双糖）。乳糖是婴儿的优质能量来源，可以帮助他们吸收矿物质（比如钙和镁）。

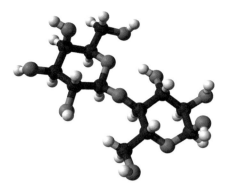

附图30　一个乳糖分子的球棍模型

尽管像乳糖这样的单糖是许多细菌的重要能量来源，但绝大部分乳糖在抵达肠道前就被胃和小肠消化了。为了喂养肠道中的细菌，乳腺创造了一种叫作人乳寡糖的支链碳水化合物（糖类）混合物，而人体的酶无法消化它。

更多关于人乳寡糖的信息，可参见问题51。

你知道吗？

尽管我们知道，摄入太多单糖会引发代谢障碍/代谢性疾病（比如糖尿病），但现在有些科学家认为，许多人工甜味剂（比如糖精和阿斯巴甜）会给我们的健康带来其他毒副作用，甚至会比糖带来更多的不良影响。

问题 41：人乳中真的有细菌吗？

（见第 36 页）

人乳含有数百种有益菌，包括双歧杆菌、乳杆菌、葡萄球菌、链球菌和拟杆菌。这些细菌中有一些是尤为重要的肠道早期定居者，它们在培养免疫系统、排挤致病菌等方面发挥着重要作用。

问题 42：母乳喂养反馈回路（射乳反射）

（见第 37 页）

下丘脑是一个位于大脑底部的杏仁大小的区域，它通过附近的垂体产生和分泌激素。要理解下丘脑的主要功能，我们最好借助"稳态"这个词，它的意思是让身体的内部状态尽可能保持恒定。下丘脑帮助我们控制心率、体温、食欲、睡眠周期等。尽管下丘脑的主要功能是维持体内平衡，但它也可以帮助管理母乳喂养（授乳）期间乳腺的乳汁释放过程。

下丘脑通过两个不同的系统控制身体的不同部位：一个是自主神经系统（自动控制心率及呼吸和消化等重要功能），另一个是内分泌系统（一个由释放到血液中的激素组成的信使系统）。

内分泌系统通过一系列的激素反馈回路来运行，其中一些反馈回路是由下丘脑调节的。我们可能都知道的一个经典的反馈回路是饥饿感和饱腹感之间的平衡（能量稳态），更多相关内容可参见问题 62。

催产素还有助于协调分娩过程的许多方面，包括分娩后在母亲和孩子之间建立纽带方面发挥核心作用（这就解释了为什么它被称为"爱的激素"）。

射乳反射

乳腺排出乳汁（射乳）也是一个反馈回路，由一种叫作催产素的激素释放过程来调节。这种激素来自垂体，其分泌过程可分为 4 步：

（1）婴儿吮吸乳头，向母亲脑部的下丘脑发出信号："你的宝宝饿了。"

（2）下丘脑刺激垂体，释放两种激素：

- 催乳素（制造乳汁）
- 催产素（射乳）

（3）这两种小分子激素随着血流循环；

（4）当催产素抵达乳腺时，它会刺激每个乳腺泡周围的肌上皮细胞（肌肉细胞）收缩，将乳汁挤出输乳管，然后乳汁流出乳头。

乳汁的释放过程发送了一个积极的信号，促使婴儿继续吮吸；这也向下丘脑发送了一个积极的信号，继续释放催产素。如此循环，直到婴儿吃饱并停止吮吸乳头。

不过，催产素对我们生活的所有方面都有很大影响。积极的身体经历和社会经历使我们的身体分泌催产素，从而增加爱、信任和同理心的感觉，同时抑制食欲、恐惧和焦虑情绪。

更多关于内分泌系统的信息，可参见问题 62。

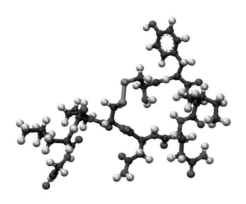

附图 31　一个催产素分子的球棍模型

问题 43：为什么气泡对比菲和菲多来说很危险？

（见第 39 页）

双歧杆菌属的成员都是厌氧菌，这意味着它们只能生活在无氧的生境，比如肠道和阴道。

为了理解这一点，我们首先要知道，我们呼吸的空气主要由两种气体组成：78% 的氮气（N_2）和 21% 的氧气（O_2）。氮气相对来说不易发生反应，而氧气是一种不稳定的分子，经常与其他氧气分子和水分子发生反应，产生自由基。自由基一旦产生，就会立即损害附近的 DNA、脂肪和蛋白质，导致细胞膜的破裂、基因组的损坏和细胞的快速死亡（这就是菲多死亡的原因——剧透警告！）。

但氧气也非常有用！植物和动物的细胞利用它从糖和脂肪中获取能量，产生二氧化碳作为代谢终产物，这被称为有氧代谢。为了保护细胞免受伤害，植物和动物产生抗氧化剂来吸收自由基，这些抗氧化剂包括酶（比如过氧化氢酶、过氧化物酶或超氧化物歧化酶）和各种分子（比如谷胱甘肽和维生素 C）。

在近 40 亿年的时间里，单细胞的古菌和细菌（比如比菲和菲多）已经适应了在地球上的各种环境中生活和呼吸，包括一些没有氧气的地方，比如湖底的泥土中和人体肠道内。这被称为无氧代谢（anaerobic metabolism，其中的前缀 "an-" 意为 "没有"，所以 "anaerobe" 就表示 "厌氧菌"）。一般来说，厌氧微生物对暴露在氧气中的生活适应性较差，可能会在几分钟内死亡。

所有细胞（包括比菲和菲多）的 "皮肤" 都是由双层脂肪分子组成的细胞膜，叫作脂双层，扮演着把细胞的内部和外部环境分隔开的物理屏障的角色。脂双层为细胞的代谢成分创造了一个稳定的内部环境。细胞膜破裂是一种常见的损伤，细胞已经演化出修复机制来快速重新封闭它们的细胞膜，以确保自己能存活下去。然而，如果细胞膜上的裂口太大，它们的内容物就会迅速流出，导致细胞死亡。

更多关于无氧代谢的信息，可参见问题 87。

问题 44：乳汁通过反冲洗过程回流到乳腺中，这正常吗？

（见第 40 页）

反冲洗（也被称作逆流）是母乳喂养的正常环节。在喂奶过程中，乳头直径增大，产生负压真空，反过来将婴儿口中的奶和唾液吸回输乳管。当婴儿生病时，母乳会增强其免疫特性，有科学家认为母乳的反冲洗过程是乳房 "获知" 婴儿是否生病的方式。

问题 45：斯达夫和施特雷普是什么细菌？

（见第 40 页）

葡萄球菌"斯达夫"和链球菌"施特雷普"是属于芽孢杆菌门的球形细菌（曾属厚壁菌门）。葡萄球菌和链球菌是生活在人类皮肤上的两种最常见的细菌，可以在有氧和无氧的环境中生长（被称为兼性厌氧菌）。这两类细菌在母乳中大量存在，可能是通过乳头周围的皮肤进入乳汁的。一些科学家认为，在人类生命的最初几周，这些细菌有助于清除肠道环境中的大部分氧气，好让像"比菲"这样的专性厌氧菌能更安全地在肠道中安家。

然而，在特定情况下，这些细菌的某些菌株会使人类患上一系列疾病：有些疾病很烦人（比如红眼病/结膜炎），有些让人疼痛（比如咽炎/链球菌性咽喉炎、乳腺炎和蛀牙），还有一些是致命的（比如心内膜炎）。

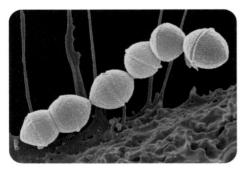

附图 32　链球菌（黄色）的扫描电镜照片（经过着色，放大倍数为 2 万倍）
来源：美国国家过敏症和传染病研究所（NIAID）。

问题 46：斯达夫和施特雷普有什么危险？

（见第 40 页）

并非所有友好的微生物都会永远对人体有益。像葡萄球菌这样的细菌是典型的机会主义者，大多数时候，它们无害地生活在我们的皮肤上。但是，如果环境发生变化（比如饮食发生改变或免疫系统功能减弱），这些细菌就会变得有害，造成需要用抗生素治疗的感染。更糟糕的是，一些葡萄球菌的变种（比如金黄色葡萄球菌）可能会致命，因为它们已经学会了如何击败几乎所有种类的抗生素治疗，这被称为抗生素耐药性。不过别担心，本书故事中的斯达夫和施特雷普是对人类友好的常见细菌。

问题 47：菲多死亡后，它的遗体怎么样了？

（见第 42 页）

所有细胞都由相似的成分配比混合而成，其中水分子约占细胞重量的 70%。除去水分后，细菌细胞中剩余部分的组成约为 55% 的蛋白质、20% 的 RNA、10% 的脂质（脂肪）、3% 的 DNA，以及一些多糖和其他代谢物的混合物。

当一个细胞死亡时（就像故事中的菲多那样），这些分子会泄漏到周围的环境中。当人体消化系统内部发生这种情况时，这些分子中有许多（比如蛋白质）将作为有价值的营养物被人体吸收，并成为宿主的一部分。

问题 48：比菲及其同伴是怎样在胃液里存活下来的？

（见第 44 页）

食物被咀嚼和吞咽之后，大约需要 7 秒才能到达胃。胃的主要工作是将咀嚼过的食物混合成一种叫作食糜的液体。为了辅助这个混合过程，胃会释放一种酸和消化酶的混合物，叫作胃液。成人体内的胃液具有强酸性（pH 值为 1~2），能杀死大多数细菌。然而，婴儿胃液的酸性要小得多（pH 值为 3~5），允许许多有用的细菌、酶和抗体不受伤害地通过肠道。

你知道吗？

胃分解固体食物需要花费 1~3 个小时，具体时长取决于你吃了什么。

问题 49：胆汁有什么用处？

（见第 45 页）

脂肪是一种密集的能量来源，也发挥着一系列重要的代谢功能和结构功能。然而，脂肪是疏水性分子，这意味着它们不溶于水，而是倾向于黏在一起形成一个大球。因此，为了从含水食物中吸收脂肪和脂溶性营养物，我们的胆囊会释放一种叫作胆汁的液体。

胆汁酸分子就像清洁剂一样，疏水的一端附着在脂肪分子上，而亲水的另一端则排斥其他脂肪分子，阻止后者黏附在它们身上。这样一来，消化酶就能将较小的脂肪球分解成单个的单酰甘油分子，然后这些分子就能被人体吸收了。

你知道吗？

胆汁包括胆红素等几种成分。这种黄褐色的代谢终产物是由红细胞的碎片形成的，会使我们的粪便呈褐色。

问题 50：什么是绒毛？

（见第 45 页）

液化的食物通过幽门括约肌后，就到达了小肠的起始部分，即十二指肠。小肠表面排布着数百万根细小的绒毛，每根绒毛上都覆盖着更细微的毛发状结构，叫作微绒毛。这些微绒毛合力将肠道表面积变得巨大，由此帮助吸收通过肠道的营养物。

在小肠的始端，抵达这里的液化食物（食糜）与来自胰腺的胰液、来自肝脏的胆汁混合在一起。胰液将大部分碳水化合物分解成单糖，将蛋白质分解成其基本单位氨基酸，使它们通过微绒毛被吸收到血液中。然而，要想分解并吸收脂肪和脂溶性营养物（比如维生素 A、维生素 E、维生素 D、维生素 K、镁、铁和钙元素），就需要多下点儿功夫。

你知道吗？

肝脏是人体最大的腺体，成年人每天可分泌多达 1 升胆汁，其中大部分都被储存在胆囊中，以备不时之需。

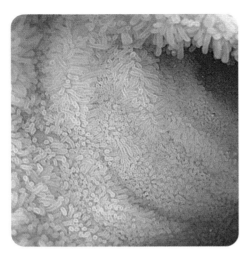

附图 33　小肠表面排布的毛发状绒毛的内镜照片
来源：Gastrolab（Science Photo Library）。

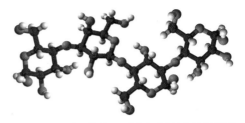

附图 34　由 4 个单糖分子组成的人乳寡糖分子球棍模型

细菌的食物

值得注意的是，人体内没有合适的酶来分解和消化这些复杂糖类。不过，婴儿的肠道中通常存在不同种类的双歧杆菌，其中每种双歧杆菌都有略微不同的糖苷水解酶，用于切割糖链。双歧杆菌可以在不同的人乳寡糖到达肠道时，使用这些酶切割它们。这样一来，在接受母乳喂养的婴儿肠道中，人乳寡糖就起到了益生元（刺激健康细菌，尤其是双歧杆菌生长的营养物）的作用。

问题 51：人乳寡糖是什么？为什么它们不会在小肠被吸收？

（见第 46 页）

尽管我们很容易想象肠道中有大量可供微生物选择的食物残余的场景，但实际上大多数脂肪、蛋白质和单糖在胃和小肠中就已经被消耗或吸收了，根本没机会接触肠道细菌。当母乳进入婴儿肠道时，留在母乳中的主要营养物是叫作人乳寡糖的复杂糖类。

母乳中的人乳寡糖的种类丰富到令人难以置信的地步，其中已确定的人乳寡糖分子结构有 200 多种。各种人乳寡糖的分子结构都是从一个乳糖分子开始构建的，这个乳糖分子会与 5 种单糖（半乳糖、葡萄糖、N–乙酰葡糖胺、岩藻糖和唾液酸）分子进行多种组合，连接成由 3~8 个单糖分子组成的分枝链状结构。

问题 52：比菲在小肠中行进得有多快？

（见第 46 页）

要回答这个问题，我们首先需要知道，咀嚼过的食物通常会在胃里停留 1~2 个小时，再花 1~2 个小时通过小肠。然而，液体和容易消化的固体食物（比如意大利面或米饭）离开胃的速度更快。因此，我们估计裹挟着比菲的乳汁可能在胃里停留了 1 个小时，又在小肠里停留了 1~2 个小时，之后抵达肠道。

第4章 甜蜜与友谊

问题53：大肠是怎么工作的？
（见第48页）

大肠（也被称作肠或结肠）有三个主要部分：升结肠、横结肠和降结肠。每次去厕所大便，我们通常会把最后一部分结肠清空，第二天它才有空间被再次填满。这意味着你吃下的食物全部通过肠道可能需要花3天的时间。

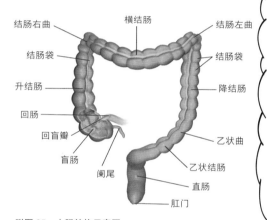

附图35　大肠结构示意图
来源：Blausen.com staff (2014). "Medical gallery of Blausen Medical 2014". WikiJournal of Medicine 1 (2). DOI:10.15347/wjm/2014.010。

升结肠的起始部分（比菲进入肠道的地方）是盲肠，它也连接着阑尾。最近有研究表明，阑尾可能是为我们提供健康肠道微生物的后备供应库（就像水库一样），有助于在腹泻后迅速重新填充肠道。

随着食物进入大肠，我们的身体已经从糊状的食物混合物（食糜）中提取了大部分营养价值。然而，这些混合物中仍然残留了很多水，主要来自"上游"释放的消化液：口腔中的唾液、胃里的胃液、小肠中的胰液和胆汁。这些水必须被身体吸收（在大肠中完成），然后残余物会（以粪便的形式）被排出体外。

当这些食糜在大肠中缓慢移动时，微生物轮流分解、消化和发酵可利用的营养物，产生一系列短链脂肪酸、维生素、气体等……其中一些喂养了其他微生物，而另一些则喂养了你！

你知道吗？

你结肠里的微生物每天会产生超过1升的气体——屁。当你摄入富含膳食纤维等复合碳水化合物的食物时，比如豆类，就会产生更多的气体，导致气胀这种常见疾病。

屁中的主要气体是氢气（H_2）、二氧化碳（CO_2）和甲烷（CH_4），它们都是无味的。然而，富含硫的食物（比如肥肉、卷心菜和豆类）还会导致硫化氢气体产生，这种气体也被称为臭鸡蛋气。最近的科学研究表明，低浓度的硫化氢气体可能具有抗炎作用和其他保护作用。

问题54：和母亲的肠道相比，为什么婴儿的肠道颜色如此粉嫩？
（见第49页）

小肠和大肠表面排布着粉红色的上皮细胞，很像"内层皮肤"。新生儿的肠道还没来得及产生很多黏液来覆盖这层内膜，所以与母亲成熟的肠道相比，颜色更偏粉红色。

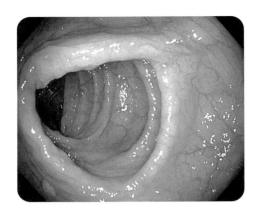

附图 36　大肠中血管和平滑内壁的内镜照片

（注意：在拍这张照片之前，黏液和肠道微生物组已经被冲洗掉了。）

来源：Gastrolab（Science Photo Library）。

问题 55：为什么比菲觉得这个地方有些熟悉？

（见第 49 页）

像所有生物一样，细菌习惯了在特定的生境或环境中生存。数百万年来，生活在我们肠道中的细菌与人类共同演化，已经适应了以下特定的条件：

- 温度在 36~37 摄氏度；
- 弱酸性（pH 值为 6~7）；
- 高湿度；
- 氧气浓度低或无氧气；
- 黏液层。

自从比菲在第 1 章中离开了西米妈妈的肠道后，这将是它第一次来到和自己心爱的肠道森林相似的环境中。

问题 56：细菌用菌毛做什么其他的事情？

（见第 52 页）

菌毛（pili）是许多细菌和古菌从细胞表面延伸出来的毛发状短纤维。有些微生物利用它们的菌毛来移动，而另一些微生物则利用菌毛来避免被更大的捕食者吞噬。

许多微生物还利用菌毛与其他微生物建立连接，通过一种叫作接合的过程共享遗传物质（比如 DNA），这个过程就好比微生物版本的性行为。在这个过程中，供体细胞延伸其菌毛并附着在受体细胞上，通过菌毛的中空结构来传递遗传物质。

然而，菌毛的主要作用是附着于表面。当细菌和古菌遇到适宜的喂养和繁殖环境（可以形成菌落和生物膜时），它们就会使用附着菌毛来锚定，帮助自己固定在适当的位置上而不会被冲走。每根附着菌毛的尖端都有一种叫作黏附素的黏性蛋白质，这种微小的分子就像钩子一样，其作用类似魔术贴，可以帮助附着在黏液、上皮细胞和其他微生物的表面。

早期到达肠道的双歧杆菌和乳杆菌等细菌，有能力产生大量的附着菌毛，这有

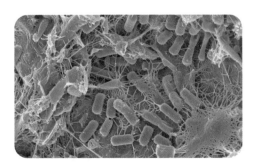

附图 37　细菌菌毛互相黏附的扫描电镜照片

来源：经由美国东北大学刘易斯实验室提供，图片由安东尼·德奥诺弗里奥、威廉·H.福尔、埃里克·J.斯图尔特和金·刘易斯拍摄（CC BY 2.0）。

助于它们在肠道内黏液水平还很低的时候黏附在一起。然而，在新生儿的肠道开始产生更多黏液之前，母乳中的许多黏性免疫球蛋白A抗体也会排列在肠壁表面，为友好细菌提供一个可附着的表面。

问题 57：乳杆菌是什么？

（见第 53 页）

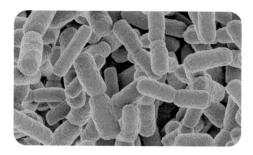

附图 38　乳杆菌的扫描电镜照片（经过着色）
来源：Toshihide Miyata（Adobe Stock photos）。

在生命的最初几周里，新生儿的肠道中通常有许多来自母亲的皮肤、肠道和乳汁的细菌。乳杆菌（属于乳酸菌）是婴儿肠道内的最初定居者之一。乳杆菌被认为对人体有益，因为它们能够挤走或杀死许多不友好的细菌，也因为它们拥有消化母乳中的乳糖的能力。

乳杆菌和双歧杆菌还被证实可以产生γ-氨基丁酸（英文缩写为GABA）。这种分子很有用，因为它可以通过降低炎症水平和增加耐受性，使免疫系统冷静下来，这有助于缓解过敏性疾病（比如哮喘、花粉症和湿疹）。

你知道吗？

不同类型的乳杆菌之所以出名，是因为它们有能力通过发酵牛奶来生产奶酪和酸奶，通过发酵蔬菜来制作酸菜。这很有用。

问题 58：细菌如何消耗这些糖类？

（见第 54 页）

在肠道中靠难以消化的复杂糖类（比如人乳寡糖）维生，对细菌来说可并不容易。在切碎和吸收这些难以消化的糖类方面，不同种类的双歧杆菌的能力相当不同，尽管某些种类的拟杆菌也能做到这一点。拥有这种天赋就意味着，接受母乳喂养的婴儿肠道中的各种双歧杆菌的数量总和通常占群落中细菌总数的 1/2 以上。

某些种类的双歧杆菌已经演化出了一种能力，在将整个人乳寡糖分子（用糖苷水解酶）切成一个个单糖之前，先在细胞内运输完整的人乳寡糖分子。而有些种类的双歧杆菌（比如比菲）则将它们用于切割人乳寡糖的酶伸出细胞膜，切割人乳寡糖后再吸收较小的糖分子。

传递糖类

从某种意义上说，人乳寡糖的这种外部（细胞外）消化过程效率较低，因为许多切割的糖在被吸收之前就会流失。然而，现实中比菲混乱的消化过程也有助于喂养附近的其他细菌，创造出一种叫作交互喂养网络的合作关系。

你知道吗？

人乳寡糖是排在乳糖（属于糖类）和脂质（也称脂肪）之后，人乳中的第三大固体成分。母亲的乳腺产生这些人乳寡糖，需要耗费大量的能量。科学家现在认为，这些特殊的糖是一类意在喂养正在成长的婴儿肠道中丰富的双歧杆菌菌落的营养物。

问题 59：什么是交互喂养？

（见第 54 页）

细菌像人类和其他动物一样，消化食物后产生代谢废物。但是，由于大多数细菌都不太会移动（只待在肠道的小角落里），它们需要在代谢废物分子达到有毒浓度之前，阻止这些废物分子在周围积聚……这样一来，细菌就不会被自己的排泄物淹没了。因此，不同细菌组成的群落将在群体内部自行组织一个被称为交互喂养网络的实时循环系统，共享资源。

一种微生物的垃圾是另一种微生物的宝藏

从简单的废物和毒素到糖类、维生素、酶和DNA这些极具价值的物质，各种各样的分子都通过交互喂养网络实现资源共享。因此，通过与邻近的细菌共享糖，双歧杆菌能够在它们周围培育一个多样化的细菌群落。这个群落中的细菌可以消耗它们的代谢废物/副产品，并防止代谢废物在周围环境中积累。也许，人类可以通过模仿微生物来学习如何更好地分享。

你可以在本书第 89 页和第 100 页看到更多关于交互喂养的例子。

新陈代谢是什么意思？

这个术语是指生物为了维持生命而进行的所有化学反应，包括消化、呼吸、运动等过程。

问题 60：什么是发酵？

（见第 56 页）

发酵是一种呼吸作用，它允许细胞在没有氧气协助的情况下，从碳水化合物中提取能量。许多单细胞的肠道细菌（包括双歧杆菌）通过发酵过程从糖类中获取能量，产生短链脂肪酸（比如乙酸）之类的代谢废物。细菌发酵的另一个主要副产品是气体，通常以氢气、二氧化碳和甲烷的形式存在。这些废气在肠道内积聚，是你会排气（放屁）的主要原因。

在短时间的剧烈运动中，当氧气供应有限时，肌肉细胞会发酵葡萄糖以释放人体急需的能量。这种肌肉发酵作用的代谢终产物是乳酸和氢气，会引发剧烈运动后的烧灼感。酵母菌还可以发酵糖类，产生乙醇（酒精）等代谢废物。人类利用酵母菌来酿造葡萄酒和啤酒。

你知道吗？

酸奶、酸菜、康普茶和泡菜等发酵食品，在我们食用之前就已经被微生物部分消化了。这是一种保存食物的好方法，也有助于保护你的肠道免受病原微生物的侵害，并为健康的肠道微生物组做出贡献。

什么是短链脂肪酸?

许多细菌在发酵人乳寡糖、膳食纤维和黏液中的碳水化合物（糖类）时，会产生短链脂肪酸。最常见的短链脂肪酸有：

- 乙酸（含 2 个碳原子的分子）；
- 丙酸（含 3 个碳原子的分子）；
- 丁酸（含 4 个碳原子的分子）。

短链脂肪酸对我们的健康有许多重要作用，比如：

乙酸
帮助我们的免疫系统保持冷静

丙酸
帮助我们的身体组织对胰岛素做出响应，保护我们远离糖尿病

丁酸
肠道内壁排布的上皮细胞的主要能量来源

短链脂肪酸为人体解决了大约 10% 的能量需求，包括肠道的上皮细胞所需的能量。这些微小分子还能帮助你调节食欲，预防心血管疾病、炎症性肠病、2 型糖尿病和结直肠癌。因此，你吃下的纤维越多，你的肠道微生物产生的短链脂肪酸就会越多，你也会越健康。

你可以在问题 98 了解更多关于丙酸的知识，在问题 91 了解更多关于丁酸的知识。

问题 61：乙酸怎样让人体免疫系统保持冷静？

（见第 56 页）

就肠道微生物组与宿主细胞（比如上皮细胞和免疫细胞）的相互作用而言，尽管还

有很多细节尚有待科学家去探索，但我们已经清楚地认识到，短链脂肪酸在降低炎症水平方面起着重要的作用。

乙酸（也被称作醋酸）是由肠道微生物产生的最丰富的短链脂肪酸。除了帮助我们调节食欲和脂肪代谢，乙酸在抑制炎症方面也发挥着核心作用。科学家已经证实，乙酸可以保护小鼠免受 1 型糖尿病、结肠炎和过敏的侵扰。

科学家认为，其背后的机制之一就是乙酸等短链脂肪酸直接刺激抗炎的调节性 T 细胞的积累和活化，同时抑制更具侵略性、促炎的辅助性 T 细胞的活动。活化的调节性 T 细胞也会促进附近的 B 细胞分泌更多的黏性免疫球蛋白 A 抗体进入肠道内腔。这些抗体有助于提升微生物的多样性，同时抑制可能促炎的抗原回到固有层。

炎症：战火燃起

炎症是一种平衡行为。免疫系统需要做好快速反应的准备，以便杀死和清除病原体。你会通过伤口处的红肿，或者是感染引起的腺体肿胀，意识到炎症的存在。但炎症也需要被迅速平息，以免对周围细胞和组织造成附带损害（友军误伤）。

随着年龄增长，人体竭力维持这种平衡。过度的炎症（炎性衰老）是许多年龄相关疾病的主要病因，比如癌症、心脏病、2 型糖尿病和痴呆。幸运的是，富含纤维的饮食有助于免疫系统保持平衡并调控炎性衰老。现在一些科学家认为，健康的肠道微生物可能有助于延长我们的寿命。

附图 39　能喂养肠道微生物的食物
来源：玛丽莲·巴尔博内（Adobe stock photos）。

你知道吗？

　　富含全谷物、水果、蔬菜、豆类、坚果和种子类食物的饮食会提升你体内的短链脂肪酸水平，包括乙酸。

问题 62：细菌如何影响我们的饥饿感？

（见第 57 页）

　　不同的人体肠道微生物依靠不同的营养物维生。每当你选择吃什么时，你也在选择哪些细菌被喂养，哪些细菌会挨饿。

　　虽然大脑对大多数微生物来说都有物理限制，但生活在肠道中的它们仍然可以影响我们的心情、情绪和行为的多个方面。一些细菌已经想出了花招，它们像黑客一样侵入我们的大脑，促使我们选择某些食物而不是其他食物。

　　我们的肠道微生物、肠道和大脑一直在对话，它们之间有着复杂的交流系统。这种现象通常被称作"肠–脑轴"，不过，现在许多科学家认为，我们应该将其扩展为"微生物组–肠–脑轴"。

　　微生物组、肠道和大脑之间的这种"串台"，其中一种模式涉及内分泌系统。该系统依赖于由特定器官释放的激素进入血液并在人体内循环，这些激素可以影响包括大脑在内的其他器官。人体肠道中有数十亿个特异的上皮细胞（肠细胞），叫作肠内分泌细胞（EEC）。这些肠内分泌细胞联合在一起，形成了人体最大的内分泌器官。科学家在我们的肠壁内已经发现了近 20 种不同类型的肠内分泌细胞，它们共同发挥的重要作用包括：维护肠道内稳态，帮助调控人体新陈代谢、免疫应答和肠动力，以及对全身产生更为广泛的影响。

你知道吗？

　　"enteric"的意思是肠道，它来源于希腊语中表示肠道的"*enterikos*"一词——哲学家、博学大师亚里士多德最早使用了这个词。

能量稳态

　　所有细胞都需要能量来维生。为了对动态变化的环境做出反应，细胞必须保持一定的能量储备，这种内部能量平衡被称为能量稳态。然而，由 30 万亿个细胞组成的人体，也必须每天保持能量平衡。它得指导你多久要进食一次，进食多少，储存和使用多少能量，诸如此类。

　　我们的肠道微生物在维持能量稳态方面起着核心作用，特别是在控制我们的进食行为方面。例如，到达肠道的食物会激发像比菲这样的微生物对糖类进行发酵，释放出乙酸等短链脂肪酸。乙酸又会刺激某些肠内分泌细胞释放激素到我们的血液中，比如PYY（酪酪肽）和GLP-1（胰高血糖素样肽-1）。当有足够的这类激素到达大脑时，我们就会感觉自己吃饱了。

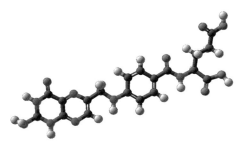

附图41　一个叶酸（维生素B₉）分子的球棍模型

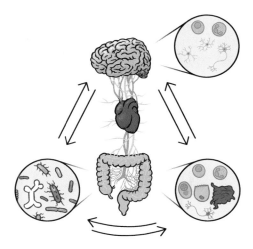

附图40　我们的大脑、肠道和微生物一直在对话

问题 63：叶酸是什么？

（见第 57 页）

　　叶酸（也被称作维生素B₉）在新细胞的修复和生长方面起着重要作用。因此，孕妇会被建议大量服用这种维生素，为她们腹中的胎儿提供支持。对成年人来说，这种维生素的水平低与贫血（缺乏红细胞）、心脏病和脑卒中的患病风险增加有关。

　　叶酸像所有其他维生素一样，不能由人体细胞产生，而必须从饮食中或从微生物组那里获取。大肠有能力吸收肠道微生物产生的叶酸，据估计，肠道微生物为我们提供了每天所需叶酸量的1/3。

你知道吗？

　　叶酸这个名称来自拉丁语 *"folium"*（意为 "叶"），因为深绿色的叶类蔬菜富含这种维生素。叶酸的其他天然来源包括水果、豆类和坚果。

什么是维生素？

　　维生素是生物需要少量获取才能实现某些功能的分子，但生物通常不能自己制造。尽管我们通过饮食吸收了大部分必需的微量营养素，但我们也依靠肠道细菌产生一些维生素，包括大量的叶酸（维生素B₉）和维生素K，以及少量的其他B族维生素，比如核黄素（维生素B₂）、泛酸（维生素B₅）和生物素（维生素B₇）。

　　你可以在问题 84 中了解更多关于维生素K的信息。

问题64：乳酸是什么？

（见第57页）

乳酸是一种短链脂肪酸，由许多肠道细菌作为糖类发酵过程的废物（一种副产品）产生。一些肠道细菌以乳酸为食，利用它产生其他有益的短链脂肪酸，比如乙酸、丙酸和丁酸。

乳酸在很多方面对肠道有帮助，比如，通过降低肠道pH值来减少炎症，以及保护肠道免受致病菌的感染（许多病原体对酸性环境很敏感）。几千年来，人类一直在用能产生乳酸的细菌发酵食品，比如酸奶、泡菜和酸菜。

附图42　一个乳酸分子的球棍模型

问题65：γ-氨基丁酸是什么？

（见第57页）

人脑中约有850亿个神经细胞（神经元），其中每个神经元都可以与成百上千个相邻的神经元相互作用。它们每秒钟总计可以发出数万亿个信号。在这些神经元之间传递信号的信使分子被称为神经递质。神经递质有很多种，比如肾上腺素、乙酰胆碱、催产素、组胺、多巴胺、血清素和γ-氨基丁酸。

γ-氨基丁酸是人脑中最重要的神经递质之一，尤其是当我们年岁尚小的时候。绝大多数其他的神经递质"刺激"附近的神经元向邻近的细胞传递信号，而γ-氨基丁酸的主要作用是阻碍（抑制）兴奋性神经递质的活动。因此，当γ-氨基丁酸水平提高时，你的内心更有可能感到平静和安宁。

快乐肠道，快乐心情

我们体内的大部分γ-氨基丁酸都是由我们自己的细胞产生的，但某些类型的肠道细菌（比如双歧杆菌"比菲"、乳杆菌和拟杆菌"罗伊迪"）也能产生这种小分子。许多科学家认为，由细菌产生的γ-氨基丁酸可以通过血液和/或迷走神经到达我们的大脑，起到减轻焦虑和抑郁的作用。

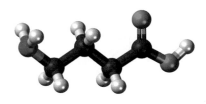

附图43　一个γ-氨基丁酸分子的球棍模型

肠道细菌真的会影响我们的情绪吗？

我们摄入的每种不同类型的饮食，都会滋养肠道中不同种类的微生物。作为回应，这些微生物会释放出数百种不同的分子，其中许多分子扮演着信使的角色，把信号传递给肠道内的上皮细胞、免疫细胞和神经细胞。最终，其中一些信号到达我们大脑的不同部位，影响我们的记忆、情绪、恐惧、动机等。

这种肠-脑连接对婴儿来说尤其重要。例如，当婴儿饿了的时候，肠道会和大脑合力将这种情绪传递给他的母亲（用哭泣来提醒她）。随着你不断长大，在没有得到你想要的食物时，你可能不会哭泣和尖叫，但你仍然能体验到饱餐一顿后的愉悦感。

问题 66：为什么肠道是人体最大的感觉器官？

（见第 57 页）

为了保持人体稳态，我们的大脑需要定期更新来自周围的信息。虽然我们的皮肤、眼睛、耳朵、鼻子和舌头为大脑提供了一些有用的信息，但人体最大的感觉器官是肠道。

我们的肠道不像身体的其他器官，它不会等待大脑告诉它该怎么做。这是因为我们的肠道不但有自己的大脑，也有自己的神经系统——包含数亿个神经元（神经细胞）。肠道内的感觉神经元不断地从肠道周围的微生物和肠内分泌细胞释放的激素与神经递质中接收信息，它们会将其中一些信息与大脑共享。

迷走神经：我们的肠-脑连接

我们刚刚吃了什么食物，血液中有哪些激素在游走，免疫系统处于什么状态，这些事情我们的肠道都知道。肠道和大脑之间最快、最直接的连接是迷走神经（vagus nerve），"vagus"这个词来自拉丁语，意思是"徘徊"。迷走神经被认为是人体内最长的神经，它在我们的自主神经系统中起着核心作用，控制呼吸、心率、血压和消化过程。但是，几乎所有通过迷走神经传递的信号都来自肠道，这表明肠道在控制我们的心情和心理状态方面起着至关重要的作用。

第 5 章　终于成了自己人

问题 67：免疫系统采集了哪些新样本？

（见第 63 页）

从我们出生的那一刻起，我们的身体就成了来自周围世界的新微生物的家园。我们玩耍的、触摸的、吃喝的所有东西都被微生物包裹着。幸运的是，在生命的最初几年里，我们的免疫系统对新的肠道居民保持着灵活处理的态度，试图学习该耐受哪些微生物，又该留意哪些微生物。邓德利和其他"护林人"（树突状细胞）不断地穿过肠壁，采集新的微生物样本，并将它们的抗原展示给 T 细胞这个"经理"看。

在免疫系统处于成长期的这些年里，我们的成长环境会对我们的微生物组和未来的健康产生巨大的影响。最重要的是，多样性是一件好事，所以你接触到的微生物越丰富越好。这就意味着，从新生儿未来健康的角度看，母乳要比配方奶好，脏兮兮的小狗要比洗干净的猫好，有哥哥姐姐要比有弟弟妹妹好。反之，在过度消毒的环境中长大、吃更多加工食品的人，更容易患过敏、哮喘和其他自身免疫病。

你知道吗？

一些科学实验关注的是在无菌环境中饲养的小鼠的健康状况。在无菌条件下，小鼠的寿命缩短，体内缺乏天然抗体、维生素 K 或维生素 B_{12}，炎症和过敏性疾病（比如哮喘）的发病率增加。

问题 68：胶原蛋白是什么？

（见第 63 页）

蛋白质主要有三种类型：结构蛋白质、信使蛋白质和反应蛋白质（酶）。胶原蛋白是人体内最重要的一种结构蛋白质，为你体内所有的结缔组织（比如软骨、骨骼、肌腱、韧带和皮肤）创造基质。

此外，胶原纤维穿过固有层，形成了一张松散的结缔组织网，使肠道更有弹性，更容易被周围的肌肉压缩（这有助于让肠道中的内容物动起来）。

你知道吗？

许多甜食（比如果冻、小熊软糖、软糖宝宝和棉花糖）、乳制品（比如农家干酪）和化妆品（比如润肤霜），都含有一种叫作明胶的胶原蛋白。这种常见的食品原料通常是通过煮沸牛、羊和猪的骨头、皮、肌腱制成的。

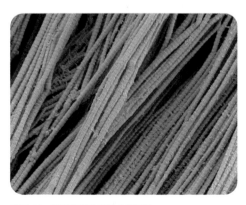

附图 44　胶原纤维的扫描电镜照片
来源：汤姆·迪尔林克和马克·埃利斯曼，来自美国国家显微镜和成像研究中心。

问题 69：树突状细胞所说的"杂草"是什么？

（见第 64 页）

一旦成熟的树突状细胞（比如邓德利）从你的骨髓干细胞中冒出来，它们就会在你全身游走，去采集抗原样本（"标本"）。考虑到本书中的角色把肠道微生物组称作"森林"，我们可以想象，成熟的树突状细胞可能会把不想要的"标本"称为"杂草"。

问题 70：T细胞怎么识别蛋白质？

（见第 65 页）

所有细胞表面都有一组独特的蛋白质。人体内包括T细胞在内的免疫细胞，都使用一种叫作Toll样受体的特殊受体来识别不同的蛋白质，并利用这些信息来确定哪些细胞属于自体细胞，而哪些细胞属于非自体细胞。不过，T细胞并不是天生就有这种能力的，所以它们必须首先接受训练，学会辨别不同的蛋白质。这种训练发生在胸腺（thymus），也是T细胞被如此命名的原因。

在生命的最初几个月里，人体免疫系统保持冷静，往往不会过度应答，而是给T细胞（尤其是调节性T细胞）留出时间，学习辨别和熟记许多肠道细菌表面的外来蛋白质模式，尝试耐受它们，将其视作"自体细胞"。通过这种方式，我们的T细胞就为一个平衡的免疫系统打下了基础。

> **你知道吗？**
>
> 一旦我们区分"自体细胞"和"非自体细胞"的能力失衡，我们的身体就会开始攻击自体组织，这可能会导致自身免疫病。

问题 71：渗漏和警报指什么？

（见第 66 页）

大肠内壁的单层上皮细胞表面积约为 2 平方米，与覆盖身体外部的皮肤面积大致相等。当肠壁正常工作时，肠黏膜形成一层致密的屏障，控制着通过这层膜进入固有层（到达"地底"世界）的物质能否进入附近的血流。

然而，当肠壁受损或肠道健康状况不佳时，大的裂缝或空洞会让部分消化的食物、微生物或毒素渗漏到下面的组织中，引发炎症（警报）。肠道渗透性增加通常被称为"肠道渗漏"，这个问题与几种常见慢性疾病的发展关系越来越密切。

治疗肠道渗漏的一种常见方法是采取高纤维饮食方式。纤维能促进丁酸等短链脂肪酸的产生，既有助于增强上皮细胞屏障的完整性，又有助于降低炎症水平。

饮食与生活方式方面的选择

我们每天做的许多选择都会影响肠道微生物。人们认为，食用大量深加工食品、睡眠不足和长期生活在压力之下，都会对肠道健康产生负面影响，而肠道健康又会影响人体免疫系统和大脑的健康状况。肠道不适的症状包括：便秘、消化不良、腹胀、腹泻、疲劳、皮肤问题、过敏、意外的体重变化和情绪波动。做一些小而稳定的改变吧，要培养出一片快乐的肠道森林，第一步最好是转变你的饮食，吃富含膳食纤维的膳食。

健康的肠道　　　　　　　渗漏的肠道

附图45　在健康的肠道中，上皮细胞之间的连接十分紧密，只允许营养物通过这层屏障。而在渗漏的肠道中，原本紧密的连接处变得松弛，导致微生物和食物微粒可以穿过肠黏膜，免疫系统变得活跃并引发炎症

问题72：T细胞怎样分辨敌友？

（见第70页）

每天都有大量不同的微生物和食物抗原进入我们的肠道。我们的身体如何判断什么是受欢迎的而什么是不受欢迎的，这是一种平衡行为。T细胞的主要工作是协调炎症反应（免疫系统对潜在有害微生物的入侵做出

抵抗）和免疫耐受（不对来自我们体内定植的微生物和食物的各种无害抗原做出反应）之间的平衡。

T细胞像所有的血细胞一样，产生于骨髓。在胸腺接受了初始训练后，一些幼稚的（未成熟的）T细胞迁移到肠道。来自上皮细胞、微生物和其他免疫细胞（比如树突状细胞）的复杂信号组合，引导这些幼稚的T细胞趋于成熟并接受不同的免疫细胞角色，比如抗炎的调节性T细胞或促炎的辅助性T细胞。

科学家逐渐明白，随着我们长大，许多类型的肠道微生物帮助人体免疫系统走向成熟并学会免疫耐受，尤其是在生命的最初几个月里。例如，肠道微生物释放的一些分子（比如丁酸等短链脂肪酸）直接促进大量耐受性更强的调节性T细胞的激活和积累，同时抑制更具攻击性的辅助性T细胞的积累。同样，我们在婴儿期遇到的大多数食物抗原也有助于增强耐受性，预防我们未来对这些食物产生过敏反应。

第6章 埃希菌的肺部历险记

问题73：那些抵达婴儿肠道的细菌会伤害婴儿吗？

（见第72页）

微生物生活在我们周围世界的每一处。当你吞下一口食物时，你也吞下了数以百万计的微生物。但我们没有必要因此惊慌失措，因为你生来就有一个强大又复杂的免疫系统，它需要通过定期接触微生物来接受训练。

上完厕所、处理完生肉或挖完土，用肥皂洗手总是好的。不过，现在许多科学家建议我们把注意力集中在鼓励友好的微生物生活在我们的体内和体表，而不是对我们偶尔接触到潜在的有害微生物表现得过于担心。

免疫系统的训练对婴儿来说尤为重要。科学家认为，在我们生命的前1000天里，肠道微生物组会发生巨大的变化。在这段时间里，人体免疫系统对新的肠道居民持相当开放的态度，它在学习哪些微生物可以耐受，而哪些微生物需要注意。等到3岁的时候，我们的肠道微生物组变得更加稳定……而且，它会随着我们的年龄增长而继续发展和成熟。

管理你的微生物组

过去几十年的研究已经向我们强调了这一点：生活在过度的无菌环境中、吃更多加工食品的人，更容易患过敏、哮喘和其他自身免疫病。

其他可能影响肠道微生物组的因素包括：基因，体育锻炼程度，压力管理能力，食物咀嚼程度，洗澡频率，服用的药物（尤其是抗生素），握手时的手和亲吻时的嘴。

现在一些科学家认为，产生时差反应的原因之一是，长途飞行后我们的肠道微生物与我们新的睡眠/活动/饮食周期不再同步。同样，轮班工作或跨时区旅行的人也会扰乱肠道微生物的日周期（近日节律）。

问题74：大肠埃希菌是什么？

（见第73页）

埃希菌的这个不同寻常的希腊语名称 "*Escherichia coli*"，来自德国细菌学家特奥多尔·埃舍里希，通常被人们简称为"*E. coli*"。它是假单胞菌门的成员。

这些细菌存在于大多数人类和恒温动物的肠道，通常对宿主有益（比如制造维生素K）。它们是如此灵活的小生物，在几乎任何条件下都能快速、轻松地生长，因此它们也是所有细菌中被研究得最多的，堪称微生物版本的"实验室大鼠"。

不过，埃希菌的名声并不好。因为我们的粪便中通常含有大肠埃希菌（俗称大肠杆菌），加上我们对它们了解得很透彻，科学家经常将其用作被粪便污染的水的测量指标。此外，它们确实有一些讨厌的"表亲"（代号为EHEC和O157:H7的肠出血性大肠埃希菌），这些"表亲"可以感染宿主并产生自然界中最致命的毒素，导致出血性腹泻、肾脏并发症，偶尔还会致人死亡。但这些罕见的感染是一种食物中毒，通常是由肉类或牛奶等动物产品被粪便污染引起的，一般发生在不当的食物处理和加工过程中。因此，这些有害的"表亲"在某种意义上是人类创造出来的小恶魔……

附图 46　人类阴道中用菌毛（毛发）包裹着细胞的大肠埃希菌的扫描电镜照片
来源：Brannon et al, 2020 Nature Communications（CC BY 4.0）。

你知道吗？

细菌的形状可以随环境而变化。单个大肠埃希菌通常呈杆状，长约 3 微米，宽约 0.5 微米。在移动过程中，大肠杆菌通过旋转一端的一簇长鞭毛（它的尾部）来推动自己前进。

然而，在肠道中，大多数微生物都聚集在黏液线周围，形成结构密集的群落——生物膜。当埃希菌遇到双歧杆菌和乳杆菌周围的食物和黏液时，它们很可能会丢掉鞭毛，用附着菌毛和微生物"胶水"（胞外聚合物）的混合物将自己锚定在这个新家中。

共生的谱系

我们都喜欢既有英雄又有恶棍的精彩故事。然而，现实情况通常要复杂得多。虽然"共生"这个词的字面意思是"共同生活"，暗示着和平与合作的关系，但事实上它要复杂得多。

如果我们要描述不同生物之间的共生关系，最好的方式是称之为"关联谱系"。互利共生（各方都受益）是一个极端，而寄生是另一个极端（一方受益，以牺牲另一方为代价）。

我们与肠道微生物的关系一直被描述为"共栖"，因为科学家认为它们大多无害地生活在我们的肠道中。然而，鉴于我们现在知道了它们给宿主的健康带来的所有益处，许多科学家开始将我们与（大多数*）肠道细菌的关系描述为"互利共生"。也就是说，它们需要我们，我们也需要它们。

*某种干扰有时会使特定的细菌与我们的关系从互利共生（友好的）转变为寄生（有害的）。

这种关系的关键是让细菌远离我们的肠壁（可以说是停留在体外）：

• 从人类的角度看，我们的微生物居民需要停留在表面上，任何渗透到人体的无菌部位（比如血液、骨骼或肌肉）的微生物都可能会威胁我们的生命；

• 从微生物的角度看，我们的血液含有丰富的营养来源（尤其是糖类）……如果沙门菌等微生物试图突破我们的防线，通常就会导致感染；

- 绝大多数微生物都不会试图冲破肠黏膜这层屏障，而只会在极少数情况下与人体做不良的互动。

每个生活在你肠道中的微生物其实都离危险只有几毫米。对它们来说，危险就是在肠道中被冲刷得一路往下。而对你来说，危险则是万一它们穿透肠壁，就会感染你的血液或其他组织。

实际上，微生物并不是主动选择了友好地照顾它们的宿主。它们只是想为自己创造一个稳定的生态位，在那里它们可以安全地锚定在黏液上，进食附近的食物，而且不会被冲走。大多数时候，它们的需求和我们的需求是一致的……尤其是当我们用健康的食物来滋养它们的时候。

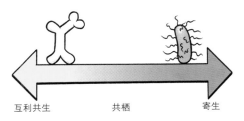

互利共生　　　共栖　　　寄生

附图47　微生物与其宿主之间的关系处于一个关联谱系中

问题75：什么是隐窝？

（见第74页）

大肠表面排列着成千上万的小沟，被称为肠隐窝、肠腺或利伯屈恩隐窝。在每个隐窝的底部都有一群干细胞，这些干细胞分裂产生新的上皮细胞。这些上皮细胞可

以是吸收性的（肠上皮细胞），也可以是分泌性的（杯状细胞、帕内特细胞或肠内分泌细胞）。

这些深邃的隐窝帮助结肠慢慢地从通过管腔的内容物中收集有价值的水，在水分通过粪便从人体内流失之前将其吸收。肠隐窝的另一项主要功能是大量制造黏液。稠密的黏液内层保护我们的肠壁上皮细胞免受感染，而松散的黏液外层为数万亿（大部分）友好的细菌提供了生存的家园。

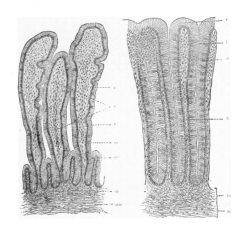

附图48　对比小肠绒毛（像手指一样向上指）和大肠隐窝（像手指一样向下指）的历史性绘画
来源：The Reading Room（Alamy Stock Photo）。

问题76：埃希菌所说的"海洋""沼泽""沙漠"指什么？

（见第76页）

在微观层面上，我们身体的每个部分都有不同的景观。人体各个部位的酸度、氧气、营养物、温度（以及其他物理化学因素）的组合，对哪些类型的微生物能够在该生境中生存和繁殖，有着巨大的影响。

从像埃希菌这样（只有几微米大小）的

微生物的角度看，你前臂上的皮肤就像一片干燥的沙漠，有大量的阳光和氧气；你潮湿的腋窝更像一片沼泽；你的嘴就像一个巨大的、黏糊糊的潮湿洞穴；而你的胃就像一片旋转的海洋。

附图49　手指表面干燥皮肤层的扫描电镜照片（经过着色，放大倍数为150倍）
来源：史蒂夫·克施迈斯内尔（Science Photo Library）。

问题77：细菌真能在空气中旅行吗？

（见第77页）

无论你住在城市还是乡村，你吸入的每一口空气都含有各种各样的微小物质。它们可能是灰尘和花粉颗粒，也可能是更小的细菌（比如本书故事中的埃希菌）和病毒，甚至是烟雾和汽车尾气中的有毒分子。

人体已经演化出了过滤掉许多不同物质的能力。你的鼻毛是第一道屏障，过滤掉较大的灰尘和花粉颗粒。气管和支气管内的黏液层也能挡住许多较小的物质，并在你打喷嚏时将它们排出去。但是，仍有许多颗粒和微生物会进入我们的肺部（这是正常的、不可避免的）。

问题78：为什么肺的各个部分看起来像树杈？

（见第80页）

每种动物都需要氧气才能生存。像线虫、缓步动物、蠕虫和昆虫这样的小动物，通过身体上覆盖的薄薄的外层膜（皮肤）来吸收氧气。

然而，随着动物的体形、体积和活动程度增大，它们对氧气的需求量也呈指数增长。因此，所有大型动物都依赖于复杂的呼吸和循环系统，这些系统由从空气中吸收氧气的扩散表面（比如肺或鳃），以及将氧气分配给身体的所有细胞及一个或多个心脏的血液循环（包括动脉、静脉和毛细血管）共同构成。

表面积越大，吸收的氧气就越多。在有限的空间内增加表面积的最好方法就是创造一个非常薄且经过折叠的表面组成的网络。人类的肺可以吸收足够的氧气（同时释放二氧化碳），这是通过一个总长度超过2 000千米的枝状支气管网络实现的，它们通向3亿~5亿个小肺泡。就成人的肺来说，所有这些肺泡的总表面积约为120平方米，相当于1/2个网球场的大小。

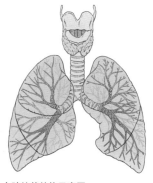

附图50　人肺枝状结构示意图
来源：医学插图绘者帕特里克·J.林奇；心脏病学家、医学博士C.卡尔·贾菲，CC BY 2.5。

问题 79: 为什么埃希菌觉得肺部很可怕?

(见第 81 页)

对细菌来说,肺部并不是一个友好的地方。那里几乎没有什么可吃的,也很少有长期栖居的微生物。从像埃希菌这样的细菌的角度看,每次我们呼吸时空气进出肺部的运动就像旋风或飓风一样。

问题 80: 能告诉我更多关于呼吸道合胞病毒的信息吗?

(见第 82 页)

病毒是最小、最简单的微生物。虽然它们也属于生物,但许多科学家仍在争论病毒是否算活着。一方面,病毒能够对环境做出反应,并利用能量进行复制,这是生命的经典特征。但另一方面,病毒有一层蛋白质外壳而不是细胞膜,不能(通过新陈代谢)制造能量用于移动或繁殖。相反,所有病毒都是"寄生虫":为了繁殖,病毒需要附着、进入并抢劫其他细胞(靶细胞)的能量和其他资源。

呼吸道合胞病毒(RSV)是一种典型的呼吸道病毒。RSV表面的(突起蛋白)受体与肺上皮细胞结合,就像导致流感、新冠肺炎或普通感冒的病毒所做的事情一样。然而,RSV具有高度传染性。就在社区和医院环境中感染RSV的人而言,平均每人都会传染5~25名未感染者。

RSV是通过感染者咳嗽或打喷嚏时的飞沫与他人的嘴、鼻子或眼睛接触传播的。这种病毒能在室外存活数个小时,它飘浮在空中,或者停留在面巾纸、玩具和门把手上面。一旦感染RSV,潜伏期为2~8天,而感染者的传染期通常为3~8天。

在本书的故事中,RSV很容易从婴儿的肺部被清除,而且不会引发明显的疾病。但通常情况下,感染RSV的婴儿会生病。有些感染在引起流鼻涕、咳嗽和打喷嚏等类似感冒的症状后很快就会消失。然而,RSV也可能给婴儿和免疫系统较弱的人带来威胁,引发肺炎等更严重的感染。RSV被认为是仅次于疟疾的全球第二大婴儿杀手。目前,有几种针对性的治疗方法和疫苗正在研发中。

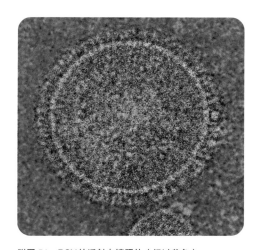

附图 51 RSV的透射电镜照片(经过着色)
来源: 美国国家过敏症和传染病研究所。

疾病从哪里来?

从非人类动物身上传播而来的传染病(由细菌、病毒或真菌引起)被称为动物源性疾病。一半以上的人类传染病都是动物源性疾病,这些种类繁多的细菌、病毒和真菌已经演化出感染人类的能力。数千年来,人类与成群的禽畜(比如牛、鸡和猪)生活在一起,并经常在拥挤和紧张的环境（比如工厂化养殖场）中驯化牲畜，这导致炭疽、肺结核、流感、天花、麻疹和狂犬病传播到人类身上。

随着人类移居世界上新的野生地区（目标是获得更多的土地和新的食物来源），我们接触到了新的微生物。这些微生物中有许多可能在野生动物（比如蝙蝠和黑猩猩）种群中存在已久，通常不会感染人类。然而，经过反复且（通常）充满压力的暴露，许多微生物（特别是寨卡病毒、人类免疫缺陷病毒、埃博拉病毒和新冠病毒）演化出了先感染人类，然后通过人与人之间的接触传播的能力。这意味着，如果有一件事能推动演化，那就是压力！

附图52　工厂化养殖场中的猪

问题81：病毒的繁殖究竟有多快？
（见第84页）

RSV表面有一种突起蛋白，它已经演化到可以锁定人类肺上皮细胞表面的蛋白质受体。一旦结合，RSV就会将其RNA基因组注入宿主细胞，在一小时之内宿主细胞就会被重新编码，产生更多的病毒拷贝（包括病毒的基因组和蛋白质外壳）。

感染后的细胞就像一颗定时炸弹。在数小时之内，每个感染RSV的上皮细胞通常都会爆发，释放出数百个新病毒。虽然其中有许多病毒可能无法成功地再感染一个新细胞，但在短短几天内，许多病毒的指数增长往往会超出免疫系统产生保护性抗体的能力范围。

问题82：巨噬细胞在找什么？
（见第84页）

肺部的主要免疫细胞是肺泡巨噬细胞，这种攻击性较小的巨噬细胞的主要工作是寻找、吞咽并分解我们吸入的任何颗粒（这个过程叫作吞噬作用）。

肺泡巨噬细胞位于肺表面的气液界面上，这个位置使它们在监测病原体是否进入方面发挥了重要作用。因此，这些巨噬细胞形成了第一道防线，在阻止入侵病毒（比如RSV）传播的同时，通过释放细胞因子（比如干扰素）触发对病毒的局部抵抗。

附图53　巨噬细胞（图中黄色）进入肺泡场景的扫描电镜照片（经过着色，放大倍数约为2 000倍）
来源：理查德·凯塞尔博士与兰迪·考尔东博士（Science Photo Library）。

问题83：为什么肺部充满黏液？

（见第85页）

我们肺部的单层上皮细胞非常薄弱。为了保护这个脆弱的表面免受外来入侵者（比如细菌和病毒）的危害，我们的肺部有一系列应对策略：

- 肺泡巨噬细胞在肺部"巡逻"，寻找外来颗粒和微生物，将其吞下并摧毁；

- 肺泡巨噬细胞释放细胞因子（比如干扰素），提醒肺上皮细胞（包括杯状细胞）加强防御；

- 杯状细胞通过爆发，释放出一波又一波的黏液，帮助困住并排出肺泡内容物。

问题84：什么是维生素K？

（见第90页）

维生素K是一个脂溶性维生素家族的名称，这类维生素在人体的许多细胞中被用于修饰与钙结合的蛋白质。这里的"K"来自德语单词"koagulation"（意为"凝固"），因为这种维生素在正常的血液凝固（凝血）过程中起着重要作用。

维生素K在新的骨组织形成的过程中也起着重要作用，缺乏维生素K会导致骨密度低（骨质疏松症）。绿叶蔬菜中含有丰富的维生素K。科学家认为，一些肠道细菌（比如埃希菌）也能在其宿主体内产生这种维生素。

你知道吗？

人类和其他动物很少缺乏维生素K，因为我们的细胞能够有效地回收这种维生素。然而，在20世纪40年代，一种名为华法林的化学物质被发现可以阻断回收维生素K的酶，抑制血栓的形成。最初，华法林被用作灭鼠药，但现在它作为一种帮助有深静脉血栓或脑卒中风险的人防止血液凝固的药物，低剂量地使用着。

附图54　一个四烯甲萘醌（维生素K_2）分子的空间充填模型

问题85：什么是骨钙化？

（见第90页）

骨是一种动态变化的组织，它在我们的一生中不断形成，又被重新吸收。在这种持续不断的循环中，我们的骨骼结构适应着我们身体的生长和衰老，并发挥出最佳作用。新的骨组织的形成过程分为两个阶段：第一阶段是富含胶原蛋白的基质形成；第二阶段是几周后的矿物质形成（以叫作羟基磷灰石的磷酸钙纳米晶体的形式），这些矿物质会被添加到基质中以硬化骨骼。

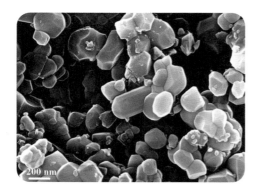

附图 55　骨组织中羟基磷灰石纳米晶体的扫描电镜照片

来源：Cytotoxicity Evaluation of 63S Bioactive Glass and Bone-Derived Hydroxyapatite Particles using Human Bone-Marrow Stem Cells, Doostmohammadi et al., 2011 (CC BY 2.0)。

第 7 章　罗斯氏菌的超能力

问题 86：罗斯氏菌是什么？

（见第 95 页）

罗斯氏菌属细菌是我们肠道中的"超级明星"之一。"罗斯"及其家族成员经常被科学家视为人体健康的标志，部分原因是它们能够产生高水平的短链脂肪酸——丁酸，而丁酸有助于抑制炎症，也是肠道细胞的重要能量来源。该属细菌存在于地球上所有人的肠道微生物组中，在肥胖、2 型糖尿病、溃疡性结肠炎和高血压等疾病患者体内的含量较低。

这些杆状细菌和乳杆菌一样都是芽孢杆菌门的成员。就像埃希菌和沙门菌的命名方式一样，罗斯氏菌的全名"roseburia"来自一位著名的微生物学家的名字——西奥多·罗斯伯里，他领导了研究人类体表许多微生物的开创性工作。像双歧杆菌一样，罗斯氏菌是专性厌氧菌（生存不需要氧气）。

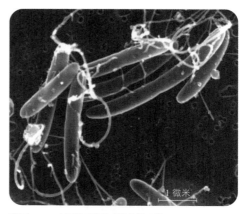

附图 56　一个罗斯氏菌的透射电镜照片

来源：Proposal of *Roseburia faecis* sp. nov., *Roseburia hominis* sp. nov. and *Roseburia inulinivorans* sp. nov., based on isolates from human faeces. Duncan et al., 2006.

问题87：什么是专性厌氧菌？

（见第95页）

地球大气富含氧气（O_2），氧气有一种独特的分子结构，这使得它很容易从周围的分子中获取电子。

因此，氧气在新陈代谢过程中非常有用，并被大多数常见生物用于呼吸作用，比如动物和植物，以及多种类型的真菌、细菌和古菌。

不过，尽管氧气极为有用，但它的极端反应性使它变得极其危险。在化学反应中，氧分子可以与其他氧分子和水迅速反应，形成有毒的自由基，比如超氧化物（O_2^-）、羟基（OH）和过氧化氢（H_2O_2）。自由基一旦形成，通常就会破坏细胞内的重要结构和分子，比如DNA、酶和细胞膜。因此，自由基在细胞内的过度积累会迅速导致细胞死亡。

大多数细胞都有一群保护性抗氧化分子（比如谷胱甘肽）和酶（比如过氧化氢酶），用于灭活自由基。然而，专性厌氧菌（比如罗斯氏菌"罗斯"和双歧杆菌"比菲"）缺乏这些保护性抗氧化剂，可能会在暴露于氧气后的几分钟内死亡。

你可以在问题43中了解更多关于无氧代谢的知识。

问题88：细菌真会冬眠吗？

（见第96页）

微生物能感知环境的变化并做出适应性调整。在压力条件（比如饥饿或暴露于有毒化学物质）下，一些细菌会变得可以移动，长出新的鞭毛（尾部），前往新的环境。还有一些细菌在检测到不利的环境条件时，可以形成叫作芽孢（内生孢子）的保护性结构。

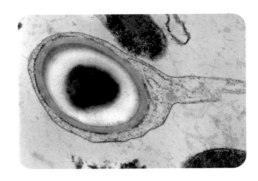

附图57　一个芽孢的透射电镜照片，展示出它厚厚的细胞壁
来源：乔纳森·艾森，CC BY 1.0。

当细菌以芽孢形式存在时，它们的呼吸等代谢活动水平非常低（很像在冬眠），所以它们可以存活很长时间。但与冬眠不同的是，双层细胞壁也使细菌的芽孢能够抵抗极端高温和低温、高水平辐射和广泛的有毒化学物质（包括氧气，它对厌氧菌来说是有毒的）等恶劣条件。当环境变得较为适宜生存时，芽孢会萌发并恢复到活跃状态。

你知道吗？

细菌的芽孢可以休眠很长一段时间。有许多芽孢历经数千年仍能保持活跃的例子，有些人甚至认为它们可以在数百万年后复活。

问题 89: 胆汁酸为什么能促使芽孢萌发?

（见第 98 页）

大多数人的肠道内都栖居着超过 1 000 种不同的细菌，它们高度适应了这种环境。这些细菌与人类共同演化了数百万年，形成了（在绝大多数情况下）互利的伙伴关系。为了使这种伙伴关系能够长期持续并得到发展，人类和细菌也必须演化出有效且可靠的方式，在人与人之间传播有益菌。

微生物进入肠道是一个持续终生的过程。最近的研究结果表明，这种传播始于我们出生之时，当时母乳中大约含有 200 个不同的物种，其中有许多会伴随我们一生。然而，我们的肠道细菌中有很大一部分是专性厌氧菌，这意味着它们不能长时间暴露在氧气中。那么，它们如何从一个人的肠道传播到另一个人的肠道呢?

尽管人们对肠道细菌的传播知之甚少，但新的研究结果表明，许多肠道细菌以芽孢的形式进行人际传播。芽孢既长寿（能够坚持存活多年）又坚强（能够抵抗恶劣的环境条件，包括暴露在有毒的氧气和强酸性的胃酸中）。但是，肠道细菌的芽孢也

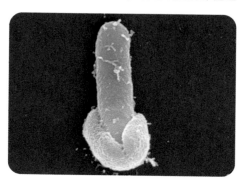

附图 58　从一个芽孢中萌出的细菌
来源：挪威奥斯陆大学 EM 实验室的安特耶·霍夫高与挪威生命科学大学兽医学院的伊丽莎白·曼德斯林。

必须在适当的时间萌发（醒来）。它们在人体内通过对小肠中的胆汁酸做出反应来实现萌发。

问题 90: 为什么罗斯氏菌更喜欢比菲提供的咸味小吃?

（见第 100 页）

像比菲这样的肠道厌氧菌利用发酵过程从糖类中获取能量，产生乙酸这种短链脂肪酸作为代谢废物。还有一些细菌（比如罗斯氏菌）能够以这些乙酸为食，并将其发酵成稍长的短链脂肪酸分子，比如丁酸。

实际上，罗斯氏菌属的细菌也能够发酵许多单糖、一些膳食纤维（比如菊粉）和一种叫作草酸的化合物。随着时间推移，草酸可能会形成令人疼痛难忍的肾结石。

问题 91: 什么是丁酸?

（见第 100 页）

丁酸是一种有益的短链脂肪酸，有以下益处:

- 保持肠道屏障完整;
- 刺激新的上皮细胞的生长;
- 减少炎症;
- 控制食欲。

不过，丁酸最重要的作用是充当肠上皮细胞的燃料来源，肠上皮细胞大约会消耗肠道内 90% 的丁酸。当上皮细胞消耗丁酸时，它们也会消耗大量可用的氧气来获取能量（有氧呼吸）。这阻止了大量氧气进入肠道森林，有助于保护附近的厌氧菌，比如罗斯和比菲。

关于短链脂肪酸的更多信息，可参见问题 60。

你知道吗？

丁酸对我们的肠道健康来说非常重要。食用富含抗性淀粉的食物（比如扁豆、豌豆、豆类、煮熟后冷却的土豆、燕麦片）或果胶含量高的食物（比如鳄梨、猕猴桃、浆果、柑橘类水果、南瓜、西葫芦），已被证明可以提高人体内的丁酸水平。

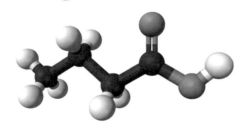

附图 59　一个丁酸分子的球棍模型

问题 92：丁酸是怎样促使杯状细胞制造黏液的？

（见第 100 页）

虽然杯状细胞分泌黏液的机制及其背后的原因尚未被科学家完全了解，但已知许多短链脂肪酸（特别是丁酸）可以影响肠上皮细胞内许多基因的表达。一些研究结果表明，丁酸可以上调（激活）杯状细胞内制造黏液蛋白的基因表达，刺激杯状细胞制造和释放黏液。

我们知道，黏液由一种叫作杯状细胞的上皮细胞产生。随着杯状细胞趋于成熟，细胞内的颗粒充满了黏液的主要成分——黏蛋白（更专业的说法是黏糖蛋白-2）。一旦这些黏蛋白被释放到肠道的湿润内表面，它们的体积就会迅速膨胀 100~1 000 倍（从附近微生物的角度看，这可能就像火山喷发一样）。

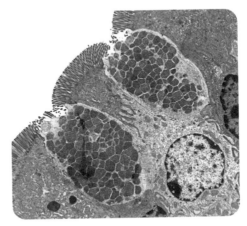

附图 60　两个充满黏液的杯状细胞的透射电镜照片（放大倍数为 5 500 倍）
来源：史蒂夫·克施迈斯内尔（Science Photo Library）。

第 8 章 来自狗狗的拟杆菌

问题 93: 舌头上的小突起是什么?

（见第 105 页）

人类的消化过程跟许多其他动物一样，起步于我们称之为舌头的肌性器官。在牙齿和唾液的帮助下，舌头在协调咀嚼和吞咽食物方面发挥着核心作用。

为了帮助完成这个过程，舌头的上表面覆盖着微小的突起，叫作舌乳头（lingual papilla，复数形式为 lingual papillae，简称乳头）。"lingual"一词源于拉丁语"lingue"，意为"舌头"或"言语"，而"papillae"在拉丁语中是"乳头"的意思。

人类舌头表面最常见的乳头是锥形的丝状乳头，它们就像微小的抓手一样，可以创造更多的表面积和摩擦力，帮助我们咀嚼和说话。

然而，我们的味觉要归功于另外三种乳突，分别是菌状乳头（蘑菇状）、叶状乳头（叶子状）和轮廓乳头（土墩状）。这些乳头上有味蕾，可以区分 5 种味道：甜、酸、苦、咸和鲜。

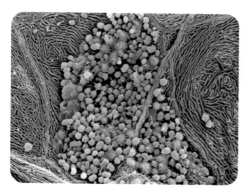

附图 61　舌头表面分布细菌的扫描电镜照片
来源：戴维·格雷戈里与黛比·马歇尔，CC BY 4.0。

问题 94: 拟杆菌是什么?

（见第 105 页）

通常，拟杆菌属的成员是我们肠道细菌中数量最多的。有像"罗伊迪"这样的拟杆菌为伴，通常对你的肠道有好处。

拟杆菌与拟杆菌门（曾被称作拟杆菌纲）的其他相关成员一起，共享数千种不同的酶。这些酶可以分解复杂的膳食纤维、抗性淀粉、黏液和蛋白质，并从中获取营养物和能量。它们剩下的废物包括 B 族维生素、GABA 和一系列短链脂肪酸（比如丙酸）。

你可以在问题 98 中了解更多关于丙酸的知识。

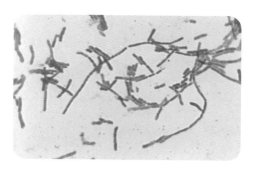

附图 62　拟杆菌属细菌的光学显微镜照片（放大倍数为 1 000 倍）
来源：美国疾病控制与预防中心的小 V. R. 道尔博士。

问题 95: 细菌经常由狗传播给人类吗?

（见第 106 页）

人类与他们的宠物共享许多微生物。评估小鼠、猪和狗的肠道微生物组的独立研究发现，它们分别有 20%、33% 和 63% 的基因与人类肠道微生物组中的基因重叠。

狗的肠道微生物组是怎样变得与人类如

此相似的？答案之一是饮食：自从狗被驯化以来，人类和狗分享食物已经有几千年的历史了。人类和狗的肠道环境条件也很相似，例如，人类的平均体温为36.5摄氏度，而狗的体温略高，为38~39摄氏度。

狗和猫的肠道中都含有许多在人类肠道中发现的有益菌，比如罗斯氏菌、普拉梭菌、普雷沃菌、瘤胃球菌和拟杆菌。例如，拟杆菌有助于降低炎症水平，增强宿主的免疫功能。研究表明，在孕期和幼儿时期家中养狗可以降低孩子以后患过敏性疾病（比如特应性皮炎和哮喘）的风险。

你知道吗？

最近，对3 500年前（新石器时代）狗粪便的科学分析结果揭示了，肠道细菌如何在从肉食性的狼到杂食性的狗的驯化过程中发挥重要作用。当狗开始与人类生活在一起、第一次吃淀粉类食物（比如面包）时，它们的肠道微生物组适应了新的细菌，以便分解并从这些碳水化合物中提取能量。

问题96：噬菌体会做些什么？
（见第109页）

噬菌体是一类感染细菌的病毒。被称为克拉斯噬菌体（crAssphage）的细菌病毒感染了我们肠道中常见的许多种拟杆菌（比如"罗伊迪"）。科学家估计，从数量上看，每个细菌细胞对应10~40个噬菌体，要是没有特殊情况的话，这种噬菌体可能是人体内最常见的微生物了。虽然关于这种病毒的研究还处于早期阶段，但研究人员认为，这些纳米级杀手有助于控制拟杆菌的数量（防止它们在肠道微生物组中占据主导地位）。

关于噬菌体的一般性介绍参见问题10。

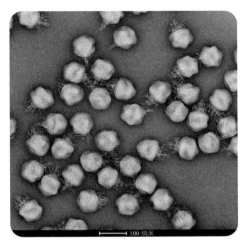

附图63　克拉斯噬菌体的扫描电镜照片
来源：科克大学微生物学系的科林·希尔。

问题97：细菌真会彼此排挤吗？
（见第110页）

是的，我们的微生物组构成了一道强大的屏障，阻止病原体入侵。当你身体健康的时候，你体内的大量微生物会排挤入侵的病原体，让它们在黏液中无处安身。一个健康的肠道微生物群落还包含具有丰富交互喂养网络的不同微生物种群，这有助于阻止刚进入这个环境的外来微生物建立可能的食物和能量供应。

这就强调了我们摄入大量膳食纤维的必要性，这样才能培育微生物伙伴群落。同时，我们有必要确保它们不接触有毒化学物质，比如抗生素和绝大部分食物防腐剂。

肠道中的短链脂肪酸（比如丙酸、丁酸和异戊酸）发挥的另一个重要作用是，刺激肠嗜铬细胞产生血清素。

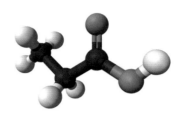

附图 64　一个丙酸分子的球棍模型

你知道吗？

纯丙酸会产生一种类似体臭的刺鼻的奶酪味，令人不快。事实上，我们的汗腺和皮肤的其他部位是几种丙酸杆菌（产生丙酸作为代谢废物的厌氧菌）的主要栖居地。虽然这些细菌很常见，而且通常是无害的，但人们认为使用含酒精的除臭剂可以防止它们过度生长和产生恶臭的废物，从而有效控制体味。

问题 98：丙酸是什么？

（见第 111 页）

丙酸是一类有益的短链脂肪酸，对肠道健康来说很重要。丙酸就像其他两种常见的短链脂肪酸（乙酸和丁酸）一样，在减少炎症和控制食欲方面发挥着重要作用。

丙酸也在能量代谢过程中起着重要作用。当血糖水平较低时，肝细胞可以利用丙酸为人体制造新的葡萄糖（这个过程被称为糖异生）。

问题 99：为什么肠嗜铬细胞能分泌血清素？

（见第 111 页）

我们身体中约有 95% 的血清素是由肠嗜铬细胞制造和分泌的。肠嗜铬细胞是一种特殊的排布成小肠壁和大肠壁的（肠内分泌）上皮细胞。这种肠道中产生的血清素有助于调节炎症，刺激肠道周围一波又一波的平滑肌收缩，从而使食物通过肠道向下移动。

血清素（也被称作 5–羟色胺或 5–HT）在人体中发挥着一系列复杂的功能。在我们的大脑中，血清素是一种神经递质（化学信使），有助于调节我们的情绪、认知、学习和记忆；在我们的体内，血清素也影响着许多生理过程，比如血压、能量代谢和呕吐过程。

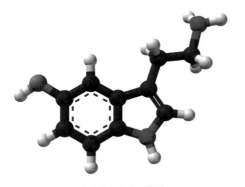

附图65　一个血清素分子的球棍模型

情绪分子

现在许多科学家认为，肠嗜铬细胞在肠道中产生的大部分血清素会影响大脑，尤其是在婴儿体内。最初，人们认为血清素不能穿过血脑屏障（紧密堆积的成群细胞，起到保护性过滤器的作用，控制哪些分子可以从血液中进入大脑）。然而，在生命的早期阶段，这道屏障尚未成熟，许多不同的分子（包括血清素）都可能会穿过它。

也有人认为，肠道中分泌的血清素会通过迷走神经影响我们的情绪。迷走神经将信号直接从肠道神经系统（"肠道大脑"）传递到大脑。肠道微生物组、肠道和大脑之间的交流系统也被称为"微生物组–肠–脑轴"（参见问题62），它在帮助你清晰地思考和平衡情绪方面发挥着巨大的作用。

问题100：为什么微生物能产生让人快乐的分子？

（见第111页）

这是为了鼓励我们去喂养它们。血清素和多巴胺这类神经递质，在我们的快乐、幸福和满足的感觉中起着核心作用。研究结果表明，当我们吃了肠道细菌喜欢的食物时，这些神经递质分子的数量会显著增加。简单来说，当我们喂养得好的时候，肠道微生物就会给予我们回报。这种饭后的奖励和愉悦感对我们的健康来说很重要。我们食物中的成分与细菌、肠道相互作用，产生神经递质和其他快乐分子，控制我们的进食行为。

许多科学家认为，在人类与肠道微生物共同演化的过程中，像血清素这样的信使分子作为一种共同语言的"词汇"演化而来，这是一种促进人类及其肠道居民的生长和生存的重要方式。

你知道吗？

肠道细菌使用一系列分子与我们的大脑交流，包括神经递质（比如γ–氨基丁酸、多巴胺、血清素和组胺）、短链脂肪酸、氨基酸和次级胆汁酸。现在，许多科学家认为，肠道微生物组在我们的认知行为和神经精神疾病（比如孤独症、抑郁症和精神分裂症）的发展过程中起着重要作用。因此，在不久的将来，人类有希望通过针对性的饮食和/或益生元来改变肠道微生物组，从而预防和治疗一系列精神疾病。

第 9 章 "比菲"的大挑战

问题 101：为什么乳杆菌减少了？
（见第 115 页）

在固体食物被引入婴儿的饮食后，肠道微生物组发生的变化最大。这在一定程度上是因为引入了许多携带新的微生物和新分子的混合物的新食物，比如膳食纤维。

然而，随着婴儿在两岁前吃下越来越多的固体食物，他们会慢慢减少母乳的摄入量。在远离乳汁的过渡时期，乳杆菌的数量会大大减少，因此我们在成人肠道中检测到的乳杆菌水平通常较低。

科学家不确定的是，为什么随着我们逐渐长大，乳杆菌的数量会越来越少。有一种理论是，乳杆菌最喜欢的食物（乳糖）供应随着母乳喂养量的减少而变少了。另一种理论则认为，乳杆菌比黏液线更能附着于肠上皮。随着一层层黏液覆盖生长中的婴儿肠道，乳杆菌就被推出去了（数量上不占优势）。

问题 102：瘤胃球菌是什么？
（见第 117 页）

像"鲁米"这样的瘤胃球菌是人类肠道的常见成员，它们在代谢（分解）我们吃的许多植物性食物中的膳食纤维方面发挥着重要作用。这些球菌（球形细菌）属于芽孢杆菌门，通常会相互连接成链状。

瘤胃球菌通过分解纤维素（植物细胞壁中最丰富的聚合物）等膳食纤维来获取营养物和能量，这种能力使它们成为对食草动物来说非常有用的肠道微生物。除了人类的大肠，我们在山羊、绵羊、牛、马、猪和许多野生哺乳动物的不同肠道生境中也发现了这类细菌。布氏瘤胃球菌（*Ruminococcus bromii*）被认为是人类肠道中最重要的物种之一，通过共享一系列糖、维生素和短链脂肪酸，使宿主和其他肠道微生物受益。

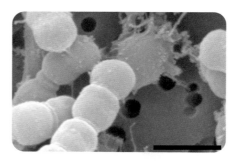

附图 66　瘤胃球菌的扫描电镜照片（比例尺为 1 微米）
来源：Expression of Cellulosome Components and Type IV Pili within the Extracellular Proteome of *Ruminococcus flavefaciens* 007. Vodovnik et al., 2013.（CC BY 4.0）。

诗人鲁米
瘤胃球菌和本书中的其他细菌有点不同，因为其性格和言谈都受到了 13 世纪阿拉伯的波斯诗人、神学家和舞蹈家鲁米（莫拉维·贾拉鲁丁·鲁米，1207—1273）的影响。鲁米的诗歌以强调所有存在的统一及与苏非主义（伊斯兰神秘主义）的联系而闻名，7 个世纪以来，他的作品被广泛阅读、表演并翻译成多种语言。

你知道吗？

不能被胃和小肠消化的食物通常被称为膳食纤维、粗粮或抗性淀粉。食用多种含有这些抗性淀粉的食物（比如全谷物、蔬菜、水果和豆类），可以丰富你肠道中有益的瘤胃球菌的种类。

附图 67 伊斯坦布尔的一块瓷砖上绘有诗人鲁米的画像
来源：希巴。

和结核病等致命传染病在人类身上的传播。

然而，与此同时，一系列新的疾病也变得普遍起来，比如哮喘、花粉症、糖尿病和多发性硬化。这些疾病的共同特征是免疫系统失衡：要么反应过度，要么攻击自体细胞。在我们努力预防旧的传染病的过程中，我们变得过于追求干净、无菌，却导致了免疫疾病的流行。这种理论通常被称为"卫生假说"或"老朋友假说"。

问题 103：清洗蔬菜的行为是好是坏？

（见第 119 页）

现在许多科学家认为，儿童时期接触各种各样的微生物有助于建立更加平衡的人体免疫系统。如果你住在城里，一些与你周围的微生物世界建立联系的简单方法包括：花时间待在户外（尤其是做园艺），和宠物玩耍，吃大量的新鲜水果、蔬菜和天然食品。清洗蔬菜是一件好事，可以去除上面附着的肥料、农药、塑料、小昆虫或污垢。但值得注意的是，有许多新的肠道微生物来自我们的食物，尤其是未经削皮、过度清洗或烹饪的果蔬。

我们是不是太讲卫生了？

20 世纪下半叶，北半球的工业化国家出现了两种相互竞争的医疗趋势。一方面，疫苗和抗生素有效减少了脊髓灰质炎（俗称小儿麻痹症）、麻疹、天花

你知道吗？

一些健康专家用"6D"预防措施来指导家长，降低孩子患过敏症的风险：

- 饮食（Diet）：饮食多样化；
- 泥土（Dirt）：经常暴露在泥土中；
- 洗涤剂（Detergents）：避免接触过多的洗涤剂；
- 皮肤干燥（Dry skin）：避免皮肤干燥；
- 狗（Dog）：和狗住在一起；
- 维生素D：保持健康的维生素D水平。

问题 104：瘤胃球菌"鲁米"是怎么分解植物纤维的？

（见第 120 页）

植物给动物带来了美味的挑战。尽管植物是丰富稳定的食物来源，但大多数动物并不具备消化它们的酶。这是因为植物细胞被含有复杂碳水化合物（比如纤维素、半纤维素和木质素）的坚韧的细胞壁所包围。不过，人类的肠道可不会浪费这个机会，并且已经演化出培育具有能分解植物纤维的消化酶的微生物（比如瘤胃球菌）的能力。

瘤胃球菌（比如鲁米）用它们的外膜形成一个复杂的多酶结构——多纤维素酶体，来分解这些植物纤维。多纤维素酶体就像一台台纳米机器：它们有几个分子臂，其中一些分子臂带有能够附着在植物纤维上的酶（就像抓钩一样），另一些分子臂带有能够切割和分解植物细胞壁中的纤维素和其他复杂碳水化合物的酶。

问题 105：小泡是什么？

（见第 120 页）

为了帮助适应新的挑战和条件，各种形状和大小的微生物通常会释放微小的、被称为"膜性小泡"或"小泡"的球体到它们所在的环境中。"小泡"（vesicle）这个词来自拉丁语"vesicula"（意为"小水泡"），因为在显微镜下这些微小的纳米结构会膨胀，并从细胞表面或膜（皮肤）上出现。膜性小泡最重要的特征是它们的内容物。

这些内容物可以带来各种好处，例如：

- **社交功能**：在细胞间传递信号，或者与宿主沟通；

- **代谢功能**：分泌消化酶以获取营养物，或者分泌营养物以支持附近的细胞（包括宿主细胞）；
- **防御功能**：释放能保护自己免受其他微生物或宿主的免疫细胞侵害的分子；
- **攻击功能**：提供有效载荷的毒素，以抑制或杀死其他细胞。

膜性小泡的另一项重要功能是，在（通常互有联系的）邻近细胞之间传递遗传因子（DNA 或 RNA），这一过程也被称为转化。与本书故事情节类似的是，科学家已经观察到瘤胃球菌会输出含有染色体包裹的小泡，把自己的 DNA 传递给附近的细胞，使它们有能力降解纤维素。

问题 106：水平基因转移在细菌中很常见吗？

（见第 121 页）

大多数植物和动物通过有性生殖来重组基因，产生与父母基因不同的后代。但是，细菌和大多数其他微生物采取了快得多的不同方法。微生物可以像我们交换电话号码或电子邮箱地址一样快速而轻松地交换 DNA。就像纸牌游戏一样，微生物会定期交换彼此的基因：从死去的邻居那里拾取废弃的 DNA，从路过的病毒或膜性小泡中获取基因，以及通过被称为菌毛的空心桥状连接共享 DNA。

DNA 从父母传递给后代，这叫作垂直基因转移。而遗传物质在不相关的个体之间（平级）传递，这叫作水平基因转移。细菌和其他微生物通过水平基因转移过程共享 DNA，这种行为很常见，也是它们获得新基因（包括抗生素耐药性基因）的主要方式。科学家逐渐发现，人类的许多基因都是从与我们一起缓慢演化的微生物那里水平转移来的。

问题107：肠道森林真有那么茂密吗？

（见第122页）

我们的消化道有一层薄薄的、黏糊糊的黏液内层，从口腔一直到肛门。我们的大肠（肠道）也创造了巨大的、松散的黏液外层，为数万亿有益微生物提供了一个友好的环境，让它们安家落户并建立繁盛的群落。

本书故事中的角色将这个黏液外层描述为"森林"。据测量，人体肠道中这片松散的黏液森林有近1毫米厚，从1~2微米大小的细菌的视角看，肠道森林给人的感觉就像美国的科罗拉多大峡谷一样深邃。

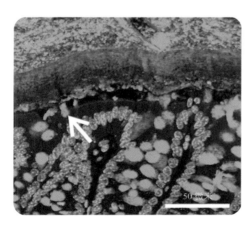

附图68 大肠的黏液内层和黏液外层图像，图中箭头指向一个正在分泌黏液的杯状细胞

来源：The inner of the two Muc2 mucin-dependent mucus layers in colon is devoid of bacteria. Johansson et al, PNAS 2008 Sep 30;105(39) intestine.（CC BY 2.0）。

问题108：为什么双歧杆菌越来越少了？

（见第124页）

细菌和其他微生物在肠道中的生存并不容易。数万亿个饥饿的微生物在我们用餐后的数小时内，争相取食到达肠道的未消化食物分子。母乳使像"比菲"这样的双歧杆菌比大多数其他细菌更有优势，因为它们有分解人乳寡糖这种难以消化的复杂糖类的特殊能力。然而，在孩子断奶后，大多数双歧杆菌将会在竞争中被淘汰，并慢慢被其他更擅长取食固体食物的细菌取代。

第 10 章　大战沙门菌

问题 109：为什么鸡肉是病原体的温床？

（见第 128 页）

近几十年来，肉鸡养殖的工业化使鸡肉成为全球人类文化中越来越受欢迎的蛋白质来源。然而，随着需求不断增加，鸡肉携带的疾病也在增加（特别是当肉鸡在工厂化养殖场里拥挤地生活在一起时）。

鸡肉食物中毒最常见的两种原因是沙门菌感染和弯曲菌感染。其中，沙门菌对人类健康造成的负担很大，估计每年有 1 亿人感染，10 万多人死亡。

沙门菌被认为自然存在于爬行动物（比如蜥蜴）和两栖动物（比如蟾蜍）的肠道中。然而，它们也能感染许多哺乳动物（比如人类）和鸟类（比如鸡）的肠道。

对人类来说不幸的是，成年鸡就算感染了沙门菌也能活得很好，看起来很健康，没有明显的疾病症状，但它们能通过粪便和鸡蛋将这些细菌传播给其他鸟类和动物。

尽管人们可以因直接接触感染的动物或其粪便而感染沙门菌，但沙门菌的主要传染源是受污染的水和食物（特别是鸡肉、鸡蛋和乳制品）。在屠宰过程中，当动物粪便接触到肉时，肉就可能会被沙门菌污染。很难发现肉被沙门菌污染，因为这些细菌不会影响肉的外观、气味或味道。

食物中毒过程的最后一步可能是食物烹制。大多数沙门菌感染的原因是人们未煮熟鸡肉，或者没有及时正确清洗处理生鸡肉时所用的工具（比如砧板）。

> **你知道吗？**
>
> 许多人认为动物肉类（比如牛肉、猪肉、鱼肉和鸡肉）是人类社会中最重要的蛋白质来源。然而，实际上谷物、豆类、坚果和树叶等植物产品为人类提供了数倍于肉类的蛋白质。

问题 110：沙门菌是谁？

（见第 129 页）

沙门菌是一种杆状细菌，属于假单胞菌门。沙门菌与埃希菌（比如大肠埃希菌）密切相关，都具有通过有氧代谢或无氧代谢产生能量的能力，并且都拥有大量的鞭毛。虽然大多数大肠埃希菌是无害的，对我们的肠道微生物组来说通常也是有益的，但沙门菌会导致严重的肠道感染。

沙门菌存在于包括鸡在内的许多动物的消化道中。大多数人感染沙门菌是因为吃了被污染的食物，特别是鸡肉、鸡蛋和奶制品。

在有些不发达的国家，一个特别致命的肠道沙门菌变种（*Salmonella enterica*）现在仍经常通过被粪便污染的食物或水在人群中传播，引发伤寒。不过，本书的故事描述了一种更常见但不太致命的沙门菌的短暂感染过程。通常，沙门菌感染会引起腹泻、发烧、呕吐和痛性痉挛（肠胃炎）等症状。

最致命的 10 种细菌

几乎所有细菌都对人体健康有益。然而，在 20 世纪 40 年代人类发现青霉素和开发出抗生素之前，细菌感染是人类死亡的主要原因。

以下是最致命的 10 种细菌：

1. 炭疽杆菌（*Bacillus anthracis*，引发炭疽）；

2. 破伤风梭菌（*Clostridium tetani*，引发破伤风或牙关紧闭）；

3. 结核分枝杆菌（*Mycobacterium tuberculosis*，引发结核病）；

4. 鼠疫耶尔森菌（*Yersinia pestis*，引发鼠疫）；

5. 肺炎克雷伯菌（*Klebsiella pneumoniae*，引发肺炎）；

6. 霍乱弧菌（*Vibrio cholerae*，引发霍乱）；

7. 耐甲氧西林金黄色葡萄球菌（*Methicillin-resistant Staphylococcus aureus*）；

8. 脑膜炎球菌（*Neisseria meningitidis*，引发脑膜炎）；

9. 淋球菌（*Neisseria gonorrhoeae*，引发淋病）；

10. 梅毒螺旋体（*Treponema pallidum*，引发梅毒）。

附图 69　约翰·布尔抵御霍乱入侵英国的场景，彩色平版画（1832 年前后）
来源：Wellcome Image Library。

问题 111：沙门菌攻击策略之一：进入上皮细胞

（见第 130 页）

沙门菌是人类遇到的为数不多的"细胞内"细菌病原体之一，这意味着它们能够在人体细胞内感染和繁殖，就像病毒一样。不同类型的沙门菌针对的是肠道内的不同细胞，从而引发不同的症状。然而，当沙门菌通过受污染的食物（比如鸡肉）进入我们的肠道时，它们的主要目标是肠壁的上皮细胞。

当沙门菌进入肠道时，它们要克服的第一个挑战是由厚厚的黏液层构成的物理屏障。然而，除了形成屏障，黏液的某些成分也会帮助入侵的细菌（比如沙门菌）站稳脚跟。沙门菌穿过厚厚黏液层的科学机制目前尚不清楚。不过，它们已被证实可以利用酶从黏液分枝上切下糖分子来，用其中的能量支撑生长，所以它们可能会吃出一条路来。

人类的肠道中含有大量的先天性防御机制，保护人体免受沙门菌等病原体的侵袭。这些防御机制有多种形式，包括物理、化学、酶、免疫和微生物形式的防御。

问题 112：微生物组防御策略之一：把坏家伙们挤出去

（见第 130 页）

栖居在你肠道中的微生物有一部分工作是，保护你免受沙门菌等致病性微生物的侵害。它们做到这一点的方法之一，就是待在那里。当你身体健康的时候，大量的肠道微生物会排挤刚进入你身体的微生物，让它们在黏液中无处安身。

肠道细菌（比如双歧杆菌、瘤胃球菌、罗斯氏菌和拟杆菌）也会通过制造大量的酸，比如短链脂肪酸，帮助排挤许多病原体。一个健康的肠道微生物群落同时包含丰富多样的微生物，以及复杂多样的交互喂养网络。这种丰富的代谢多样性阻止了代谢终产物作为废物积聚，也让病原体获取食物和能量的可能来源变少，从而阻止它们在肠道中立足。

对人类来说不幸的是，沙门菌已经适应了与我们肠道内正常定植的微生物竞争，它们具有强大的附着在黏液上和在酸性条件下生存的能力，以及以其他肠道微生物无法利用的废物为食的能力。

问题 113：细胞防御策略之一：寻求帮助

（见第 131 页）

当我们的细胞受到损伤或感染病原体时，它们通常会做出炎症反应，这可以类比为战斗中的枪声。为了应对细菌入侵，我们的肠上皮细胞会产生一系列炎症反应，例如：

- 利用黏液将细菌击退；
- 释放化学物质去对抗入侵的细菌；
- 向免疫细胞发出信号，直接发动攻击。

问题 114：细胞防御策略之二：增加黏液产量

（见第 131 页）

黏液是一种由人体的某些部位制造的、像鼻涕一样的东西。黏液层覆盖在人体表面，保护这些地方免受感染，比如鼻子、肺、阴道和肠道。当我们的肠道检测到致病菌时，它就会发出制造黏液的信号。肠道内负责制造黏液的细胞（杯状细胞）像火山喷发一样迅速释放黏液，将敌人击退并冲走。在几个小时内，我们就会因这种黏液的产生过程而腹泻。

不幸的是，许多致病菌已经适应了我们的许多炎症反应。沙门菌的适应性之一是，它们随着一波波喷发的黏液四处扩散，并且定植在我们肠道的其他部分。这种被感染的黏液的最终排出（比如腹泻）有可能帮助沙门菌扩散，去感染新的人类个体和其他动物。

问题 115：细胞防御策略之三：制造阳离子抗菌肽

（见第 132 页）

如果有任何潜在的有害菌进入肠壁，我们的上皮细胞就会利用一系列不同的武器来保护自己。与许多免疫细胞一样，我们的上皮细胞能够产生大量的抗微生物肽，就像用来杀死细菌的小分子子弹。

一些抗微生物肽已经演化出了抑制细菌生长的能力，比如阻止细菌吸收铁或呼吸。本书的故事描述了阳离子抗菌肽：一种带有强正电荷的小分子，被带负电荷的细菌细胞膜吸引。结合后，阳离子抗菌肽通常会在细菌的细胞膜上形成桶状的孔，导致细胞破裂和死亡。然而，如果细菌能足够快地修复这个孔，它们就有可能存活下来。

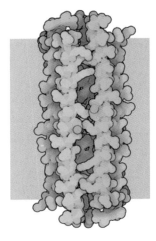

附图 70　一个阳离子抗菌肽的分子形状示意图
来源：戴维·S. 古德塞尔（CC BY 4.0）PDB–101。

问题 116：沙门菌攻击策略之二：穿上盔甲

（见第 133 页）

像沙门菌这样的细菌要抵抗带正电的阳离子抗菌肽的攻击，所用的机制之一就是穿上它们的"盔甲"。为了达到这个目的，它们改造了自己的保护性外膜中的一些分子（比如，交换糖或添加脂肪），以减少负电荷。这意味着带正电荷的阳离子抗菌肽没法再和它们绑定了。

> **你知道吗？**
>
> 沙门菌等致病菌与人类展开了一场演化上的军备竞赛。因为细菌繁殖迅速，它们也能迅速演化——比动物快得多。每当一群细菌攻击我们的细胞，通常会有少数幸存者能够得逞，这要归功于突变或适应。这些幸存者存活下来并进行繁殖，分享或传播它们的保护特性……直到人类最终找到一种新方法来克服它们的防御手段，如此循环往复。

问题 117：沙门菌攻击策略之三：启用 III 型分泌系统

（见第 133 页）

为了进入上皮细胞，沙门菌首先使用一种类似注射器的蛋白质结构向上皮细胞内注射一种信号分子，这种结构叫作 III 型分泌系统（T3SS）。

一旦进入，这种分子就会劫持并欺骗上皮细胞，先让它在沙门菌周围扩张，然后收缩包裹住细菌的细胞。沙门菌只要进入上皮细胞，就能够获得丰富的葡萄糖（糖类）和氧气供应，快速进行繁殖。这使得它比免疫细胞和生长较慢的厌氧肠道微生物都有优势。数量不断增加的沙门菌会扩散并感染邻近的上皮细胞，其中一些还会感染吞噬细菌的免疫细胞，比如巨噬细胞。

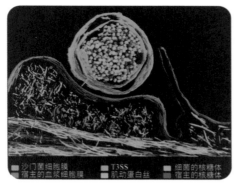

附图 71　一个沙门菌利用Ⅲ型分泌系统向一个上皮细胞内注射信号分子的扫描电镜照片（经过三维渲染）

来源：Visualization of the type III secretion mediated Salmonella–host cell interface using cryo-electron tomography, Park et al., 2018.（CC BY 4.0）。

问题 118：细菌真能欺骗人体细胞吞下它们吗？

（见第 134 页）

数百万年来，人类和细菌已经学会了理解彼此的许多化学信号。这些化学信号可能携带着广泛的信息，包括：从敌人中识别出朋友，发出警报，共享资源，鼓励细胞行动起来，等等。

从细菌的角度看，比它们大得多的人体细胞含有丰富的营养物，它们可以充分利用这些营养物来喂养自己并进行繁殖。

一些致病菌（包括沙门菌）已经学会了如何劫持人体细胞的一些内部通信手段，以便进入人体细胞并进行繁殖。

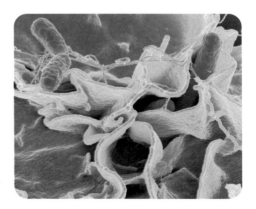

附图 72　沙门菌（红色）正在侵入免疫细胞（黄色）

来源：美国国家过敏症和传染病研究所。

问题 119：细胞防御策略之四：产生更多细胞，加固肠壁

（见第 135 页）

肠壁的完整性对肠道的消化、吸收和保护功能而言至关重要。然而，沙门菌入侵的影响之一是对肠壁造成直接伤害。尽管肠道有能力修复和恢复这道屏障的正常结构和保护功能，但这个过程可能需要花几天的时间。

肠道干细胞在修复这种损伤的过程中起着核心作用。新的上皮细胞由附近的隐窝底部的干细胞产生，然后向上迁移（很像在传送带上），帮助填补肠壁的缝隙并加固它。

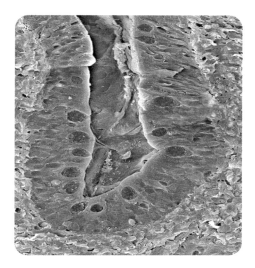

附图73　肠道隐窝底部的扫描电镜照片（经过着色，充满黏液的杯状细胞被涂成了紫色，固有层是绿色；放大倍数为500倍）

来源：史蒂夫·克施迈斯内尔（Science Photo Library）。

问题120：微生物组防御策略之二：启用Ⅵ型分泌系统

（见第136页）

细菌使用一系列方法，在比它体形大得多的宿主体内的不同群落中生活。许多细菌所用的生存策略之一是，向附近的细胞分泌蛋白质。这些蛋白质可以发挥多种作用，包括：附着在其他细胞上，清除营养物；破坏细胞功能或使靶细胞中毒。所有这些方法都关乎细菌的生存。

细菌已经发展出多种运输（分泌）方式，将自己的蛋白质"货物"送出去影响附近的生理过程。其中就包括Ⅲ型分泌系统和Ⅵ型分泌系统（T6SS），这两种系统利用针状结构穿透另一种细菌的细胞膜，注入蛋白质。

T3SS主要被致病菌用来感染人的上皮

细胞（如上所述）。而T6SS的主要作用是刺穿拮抗细菌的细胞膜，要么使其细胞破裂，要么向细胞内注入致命的毒素。在这场细菌间的战争中，通常被注入的蛋白质之一是核酸酶，这是一种可以破坏组成DNA的核酸之间联系的酶，相当于切断了基因组。

你知道吗？

细菌表现出一种非凡的能力，可以收集外来的遗传因子（DNA片段），"驯化"它们，使其服务于细菌的利益。科学家认为，Ⅵ型分泌系统（被用于细菌间战争的精准武器）巧妙地转化了噬菌体的尾部（被用于对抗细菌）。类似地，Ⅲ型分泌系统似乎已经被细菌从鞭毛（尾部）改造成了操纵和感染许多动物细胞的有用工具。

问题121：微生物组防御策略之三：出动CHI噬菌体

（见第137页）

本书故事中的噬菌体被称为沙门菌CHI（χ）噬菌体，它们已经演化到能够附着、感染并杀死沙门菌。CHI噬菌体有一种不同寻常的狩猎策略：用一根像套索一样的细尾纤维进行探测，并附着在路过的细菌摆动的鞭毛上。人们认为这种策略增加了这些病毒附着并感染活跃的细菌细胞的机会。一旦噬菌体旋转到细菌的鞭毛底部，它们就会在沙门菌的细胞膜上刺一个洞，注入自己的DNA基因组。

一旦该病毒的DNA进入细菌细胞，它

们通常会：

- 控制宿主细胞；
- 利用宿主细胞复制自己的DNA基因组和结构蛋白质；
- 将DNA和蛋白质组装在一起，制造出几十个新的噬菌体；
- 释放酶，导致细菌细胞破裂，新的噬菌体被释放出来，继续狩猎。

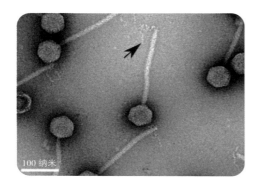

附图74　沙门菌CHI噬菌体的扫描电镜照片
来源：Characterization of Flagellotropic, Chi-Like Salmonella Phages Isolated from Thai Poultry Farms. Phothaworn et al., 2019.（CC BY 4.0）。

你知道吗？

由于目前细菌对抗生素的耐药性日益增加而引发危机，人们对使用噬菌体这种病毒控制致病菌感染的兴趣日益浓厚，这种方法通常被称为"噬菌体疗法"。目前，人们正在开发一些噬菌体，用于检测和消除食物生产中的沙门菌。

问题122：中性粒细胞是什么？

（见第139页）

肠上皮细胞遭受了沙门菌感染，触发了警报分子，刺激免疫系统开始做出应答。奋战在免疫防御第一线的是我们最常见的白细胞——中性粒细胞。

中性粒细胞一旦离开血流，穿过肠上皮细胞来到感染点，就会开启名为吞噬作用（吞下并摧毁细菌）的过程。然而，中性粒细胞寿命短、行动迅速，它们带着一种狂暴的饥饿感，不加区分地杀死长得差不多的友军和敌人，而不会关心周围的环境。

在长期炎症状态下，中性粒细胞会产生中性粒细胞胞外陷阱（NET）。这是一种自毁模式，一边设置陷阱捕捉有害菌，一边释放大量的致死性化学物质，在自杀的同时也会杀死许多正好在附近的其他细菌。

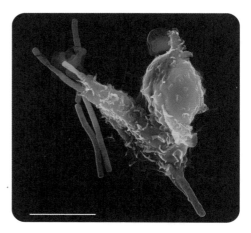

附图75　中性粒细胞攻击细菌的扫描电镜照片（经过着色，比例尺为5毫米）
来源：福尔克尔·布林克曼（CC BY 2.5）。

问题123：妈妈的防御策略之一：分泌乳汁

（见第 141 页）

人乳含有完美配比的营养物和保护性分子，可以喂养和保护那些接受母乳喂养的婴儿。除了有益菌（比如乳杆菌和双歧杆菌），人乳还含有广泛的保护性物质，像免疫细胞（比如巨噬细胞）、抗菌蛋白（比如溶菌酶）和抗体（比如免疫球蛋白A）等都可以保护婴儿。

沙门菌感染和其他肠道感染的发病率在母乳喂养的婴儿中，要比在配方奶粉喂养的婴儿中低。科学家认为，人乳中有两种成分能够抵御沙门菌感染，分别是人乳寡糖和分泌型免疫球蛋白A抗体。这两种成分的作用机制相似，都能阻止病原体与肠道表面结合，尤其是阻止细菌与黏液和上皮细胞结合。

人乳寡糖也会通过附着在黏液上阻止沙门菌入侵。这些细菌一开始利用微小的附着臂（纤毛）与黏液线分枝上的唾液酸这种糖结合，在肠道中获得了立足之地。然而，许多人乳寡糖也含有这种糖，当乳汁流到肠道处时，人乳寡糖就会替代黏液与沙门菌结合。

类似地，当数百万个免疫球蛋白A抗体分子随着乳汁涌入肠道时，它们那有黏附力、多头的附着臂使得它们能与沙门菌结合并凝集成团。这导致沙门菌无法移动，也无法附着在肠道表面，阻止沙门菌造成进一步的伤害或更严重的感染。

问题124：只有乳汁中的抗体能拯救西米吗？

（见第 141 页）

从技术角度讲，能担负起救援任务的可不只有母亲的乳汁。事实上，许多固有层的B细胞（在婴儿西米的肠壁之下）在收到沙门菌出现的消息后，已经制造出了数百万个有黏附力的普适性免疫球蛋白A抗体，作为应答。

如果沙门菌设法逗留几天，并引起了更严重的感染，西米的免疫系统就会制造出更多的对抗沙门菌的免疫球蛋白G和免疫球蛋白M抗体。

问题125：微生物组防御策略之四：使用细菌素

（见第 142 页）

绝大多数细菌都是社会性生物，它们生活在密集的群体中，在这里既有合作又有竞争，真是再正常不过了。细菌像动物一样表现出丰富的进攻性和防御性行为，它们也有多种多样的抗菌分子作为武器。

最丰富、最具多样性的抗菌分子之一是细菌素。细菌素是高度特异性的致命毒素，这一点和广谱抗菌的抗生素不同。细菌素通常被用在细菌感受到压力的时候，比如它们过度拥挤或缺乏营养物。大肠埃希菌已经被发现可以制造和释放一种叫作大肠菌素的细菌素，作为对压力的应答。大肠菌素与其他细菌表面的受体结合，通过使其细胞膜破裂、降解其DNA和解除其制造新的蛋白质的能力，来杀死它们。

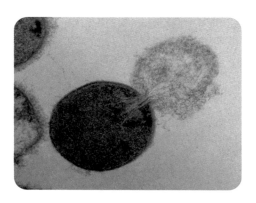

附图76　细菌细胞膜破裂、内容物泄漏的透射电镜照片
来源：Critical cell wall hole size for lysis in Gram-positive bacteria. Mitchell et al., 2013（CC BY 2.0）。

问题126：为什么母亲生病了，而婴儿西米安然无恙？

（见第144页）

母乳喂养为婴儿建立了一道防线，抵御像沙门菌感染这样的胃肠道感染。人乳中含有广泛的免疫因子，它们针对婴儿可能遇到的病原体做好了准备。

最重要的免疫因子也许就是抗体。人乳富含免疫球蛋白A，这种抗体的黏性可以为婴儿的肠道提供预防性保护：一方面强化肠道的物理屏障；另一方面且更为重要的是，它们附着在沙门菌细胞上，降解和中和这些细胞。西米母亲的免疫系统有它自己的应对沙门菌的策略，但由于缺乏人乳带来的抗体，它要花更长时间去处理这个问题，因此她生病了。

问题127：为什么乳汁会越来越少？

（见第144页）

不管女性是否选择母乳喂养方式，她们的身体和乳房都会（在生育后）做好为婴儿提供乳汁的准备。一旦母乳喂养开始，女性就可以持续分泌乳汁，直到她们决定给孩子断奶。断奶的具体过程因母亲和孩子的情况而异，可能会由婴儿主导，也可能会由母亲引导完成。不过，随着母乳喂养的次数减少，母亲分泌的乳汁越来越少。最终，乳腺的腺体组织萎缩，乳汁彻底停止分泌，乳房恢复孕前状态。

第 11 章　成长

问题 128：这些新的微生物都是什么？

（见第 147 页）

在婴儿期，人体（尤其是脑部）会发生一生中最大的转变。我们学会如何走路、交谈，如何自己进食，以及如何判断其他人在想什么、感觉如何。随着幼小的身体逐渐长大，我们会探索新的食物和环境，也会遇到数千种全新的微生物。随着数百种新的微生物在肠道生态系统中安家落户，肠道迎来了一场巨变。

大约在 3 岁时，一个健康的人类肠道应该拥有一个平衡的核心微生物群落，主要包括 4 个门的有益菌：

- 假单胞菌门（曾被称作变形菌门）：以埃希菌为代表；
- 芽孢杆菌门（曾被称作厚壁菌门）：以乳杆菌、罗斯氏菌和瘤胃球菌为代表；
- 放线菌门（曾被称作放射菌）：以双歧杆菌为代表；
- 拟杆菌门：以拟杆菌为代表。

在我们的核心肠道微生物群落中，每类细菌的数量都是动态变化的：它们通常会受到激素波动、饮食、压力和服用药物（尤其是抗生素）等因素的短期或长期影响。

本书故事中的细菌以它们的属名来代指，比如双歧杆菌或拟杆菌。不过，每个属的细菌通常还可以分为多个不同的物种，每个物种都有其特性。每个肠道细菌物种还包括差别更为细微的不同亚种，通常被称为菌株。每个属和每个物种的细菌丰富的多样性赋予它们更强大的应对环境变化的能力，也让肠道细菌群落更具恢复力。

附图 77　一个人类肠道细菌群落的扫描电镜照片
来源：里克·韦布，昆士兰大学显微镜学和微量分析中心。

问题 129：柯林斯菌和韦荣氏球菌是什么？

（见第 147 页）

柯林斯菌和韦荣氏菌是首批在婴儿肠道中安家（定植）的细菌，如果本书篇幅足够，那么它们应该是我们故事中的关键人物。柯林斯菌能广泛利用各种能量来源，包括一些简单的糖类（比如乳糖）、蛋白质和黏液，产生短链脂肪酸（比如乙酸和乳酸）与 B 族维生素（比如维生素 B_{12}/钴胺素和叶酸/维生素 B_9）。

韦荣氏球菌在母乳喂养的婴儿肠道中很常见，被视为人乳微生物组和婴儿肠道微生物组的有益成员。这主要是因为韦荣氏球菌喜欢吞食乳酸——一种乳杆菌、双歧杆菌和柯林斯菌的代谢终产物。乳酸过多会引发健康问题，因此韦荣氏球菌具备的消化乳酸的能力在保持肠道平衡方面大有用处。

附图 78　韦荣氏球菌的扫描电镜照片
来源：Complete genome sequence of Veillonella parvula type strain (Te3T). Gronow et al., 2010。

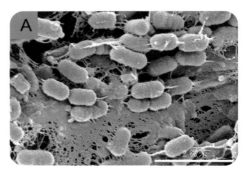

附图 79　普雷沃菌的扫描电镜照片
来源：Gene expression profile and pathogenicity of biofilm-forming Prevotella intermedia strain 17. Yamanaka et al, 2009（CC BY 2.0）。

问题 130：普拉梭菌和普雷沃菌是什么？

（见第 148 页）

普拉梭菌被认为是最丰富、最重要的肠道细菌之一。它们发酵膳食纤维，制造丁酸和其他短链脂肪酸。有些研究者认为，这种细菌的水平是肠道健康的一般指标，因为它们可以减少肠道炎症。

普雷沃菌属是一大类极为多种多样的细菌。它们可能有益，也可能无益，具体取决于环境。有些种类的普雷沃菌适应了生活在人的口腔中，它们与牙周炎和龋齿有关。不过，有些普雷沃菌在许多素食者的肠道中发挥着积极作用，制造出一系列短链脂肪酸和B族维生素。它们在以高纤维饮食为主的非西方人群肠道中普遍存在，这与其消化复杂植物多糖（比如半纤维素和果胶）的能力有关。

问题 131：阿克曼菌和甲烷短杆菌是什么？

（见第 148 页）

人类肠道中的阿克曼菌主要以嗜黏蛋白阿克曼菌（*Akkermansia muciniphila*）为代表。"嗜黏蛋白"意味着"热爱黏液"，因为这些细菌喜欢吞食你的肠壁表面包裹着的光滑黏液层。阿克曼菌被视作有益的肠道微生物，这要归功于它们制造一系列短链脂肪酸、B族维生素和γ–氨基丁酸的能力。此外，通过在黏液中安家，阿克曼菌帮忙挤走了那些可能有害的细菌。

肠道微生物群一直面临的问题之一是代谢终产物（比如氢气）的形成。甲烷短杆菌能帮助解决这个问题，因为它们在移除多余的氢气方面发挥着关键作用。

有趣的是，甲烷短杆菌并不是细菌。它们其实是古菌域的成员，这是一类更像植物、真菌和动物的单细胞微生物——尽管它们看起来很像细菌。甲烷短杆菌等古菌最令人惊叹的能力是利用氢气制造出甲烷气体。

为了 40 万亿而进食

古希腊医生希波克拉底有句名言："万病始于肠。"尽管这个说法并不完全正确，但越来越多种现代疾病与我们的肠道健康有关。

饮食方式很重要。你吃下的食物直接影响着你的肠道微生物组的健康。更重要的是，细菌繁殖得很快，所以你的饮食方式的改变可以在几周内影响你的健康。幸运的是，我们已经知道怎样促进有益的肠道微生物生长成一个丰富多样的群落了，方法就是摄入富含下列成分的食物：

- **膳食纤维**：富含膳食纤维的食物是大多数水果和蔬菜（尤其是绿叶菜）；
- **抗性淀粉**：富含抗性淀粉的食物有凉土豆和米饭沙拉等；
- **抗氧化剂**：富含抗氧化剂的食物有蓝莓、长山核桃和巧克力等；
- **健康脂肪**：富含健康脂肪的食物有鳄梨、橄榄油和坚果（核桃和杏仁等）。

你还应该避免摄入加工食品，尤其是含精制糖和碳水化合物的食品，以及加了很多防腐剂的食品（比如培根和热狗）。

附图 80　阿克曼菌的扫描电镜照片

来源：*Akkermansia muciniphila* is a promising probiotic. Zhang et al., 2019（CC BY 4.0）。

问题 132：我们大便的时候，发生了什么？

（见第 152 页）

在你吃完一顿饭的 24~72 个小时（1~3 天，具体取决于你吃了什么）之后，食物已经通过了你的消化系统，来到了消化道的最后一站——肛门。现在，你有一项重要任务：大便。肛门向你的大脑发送信息，告诉你需要大便了。但为了完成这个任务，你需要先放松肛门周围的肌肉（这就解释了为什么在家大便通常会容易一些）。

粪便的臭味主要是由累积的有气味的短链脂肪酸（比如丙酸）和更令人恶心的长链脂肪酸（比如腐胺）引起的，缓慢分解的食物在肠道中下行的过程中，有些细菌会产生这些脂肪酸。当你把大便排进马桶时，细菌组成了 30% 的排泄物，其中有半数细菌还是活着的⋯⋯

问题 133：我们冲完马桶后，粪便到哪里去了？

（见第 153 页）

　　人体很像一座房子：两者都有运来能量和水的管道，也都有运走废物的管道。在许多国家，住宅和公共建筑物通常都有一系列排水管道，把不同的液体废物（通常被称作废水）从厨房、洗衣房和洗手间排走。这些废水在被排放到环境中之前，需要经过处理。

　　有些家庭会把来自厨房、洗衣房和淋浴间的废水单独分离出来，这类废水叫作灰水（也被称作洗涤水），可以在当地的小型湿地或自然的"后院"系统中得到小规模处理。但是，厕所废水（也被称作黑水）含有高浓度的营养物，也很有可能含有病原体，在排放前必须经过分解或转移。

　　在你冲马桶后，粪便和尿液会与其他废物混合，沿着下水道和街道上的排水管流向污物处理工厂。污物处理工厂先从我们的生活废水中分离出绝大部分营养物和污染物，再排出通常可以安全排放到周围环境中的水流。考虑到双歧杆菌是专性厌氧菌，没有（像罗斯氏菌一样）形成芽孢的能力，它们很可能会在污物管道中挣扎求生很长时间，然后被冲走。不过，那就是另一个故事了……

附图 81　污物处理工厂的航拍照片
来源：A. 萨维，Wikicommons。